JN033863

宇宙人として生きる

ホログラム・マインドⅡ

グレゴリー・サリバン

Gregory Sullivan

contents

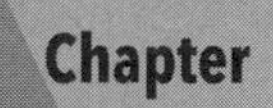

Chapter 1 イントロダクション

プロローグ――本書の使用方法について

本書では、マニュアルのない世界を築いていくためのプロセスを紹介しています。カーナビには登録されていない新しい未知の道路を車が走っていくようなイメージ。それは紛れもなくアセンションと同じ道なのです。私たちの〝母船地球号〟を気球のようにどんどん上昇させていくような感じです。目に見えない世界の存在を知り、封印された知恵を取り戻していく中で、まだ誰も見たことのない出来事が起こるかもしれません。私たち一人ひとりのスピリチュアルな道は聖なるものです。本書では私がアセンション・ガイドとして皆さんをご案内していきます。

この宇宙の根源から分裂されたかのような「地球」という場所は、目に見えない世界に比べると、孤独な島国のような重たい空気感になっています。その影響で、宇宙の存在にとっては当たり前の原理や法則、考え方が全てバラバラになってしまっているのです。だからこそ、宇宙ファミリーからの目に見えないサポート（バックアップ）が必要になってくるのです。

本書に書いてあることを実践していくことで、宇宙ファミリーとの接触も実際に可能となります。今まで日常生活で実行してきたＥＴたちとの交流を通じて、それぞれの潜在能力を開花するサポートをする。それが「内面的アセンション」と呼ばれるものです。

また、本書は前作である『ホログラムマインドー 宇宙意識で生きる地球人のためのスピリチュアルガイド』（2016年刊行）で触れていなかった部分、具体的には闇の勢力や今のスピリチュアル界が直面しているジレンマなどについてより詳細に言及しています。最初は少し怖いと感じる人もいるかもしれませんが、人々の意識の進化はかなり加速し、外部からの光のサポートもとても強くなっているので、恐怖心に影響される心配は一切ありません。宇宙に身を委ね、輝かしい新たな次元へ入っていきましょう。

本書ではバラバラに存在していた高度な概念を一つの場所にまとめることができました。あなたのアセンションをサポートするマニュアル本として活用してください。

「アセンション」という言葉の持つエネルギーも古くなりつつありますが、こうした多々ある専門用語をネットで検索すると誤った情報や本来の意味とイメージがずれてきてるものもたくさんあります。本書を通して理解の整理やアップデートを行ってもらえたら幸いです。

また、順番に関係なくお読みいただいてかまいません。全てを一気に理解する必要はなく、自分に響いたものだけ取り入れて共感してください。日本人は特にそうですが「全部わからないと進めない」これは本当にもったいないことです！ 虫食い、つまみ食いでもいいのです。完全にスルーしたフレーズが後で気になったり、突然理解したりすることはよくあることです。それは皆さんと一心同体である宇宙が教えてくれているのです。皆、スタート地点は違いますが、「地球にとっての本来のアセンションを理解する」というゴールで必ず合流することができます。

アセンションの舞台「地球」

天の川銀河のアセンション展開に関しては、多くの謎に包まれているだけでなく、ぼんやりとした理解しかできてない方が多いです。しかし、私の長年のコンタクト活動ではっきりと言えることは、アセンションの中心となる舞台は地球であるということです。その演技主人公も私たち人類です。数多くの宇宙存在は多様な次元と多くの時代から現在の地球に集合しています。そこで様々なアジェンダと人類の未来に関わる方向性が共存しているのです。この時空を超える多次元的なドラマの中で、本書にて紹介している情報は、ゼロから目覚めるスターシードたちにとって一番役に立つ内容になっています。

マクロレベル

銀河アセンションが展開していく仕組みとしては最初に、マクロ（全体的）レベルから始まります。それから、その進化が惑星レベルに降りて、刺激を与え、細かい世界まで転写されます。

ミクロレベル

このアセンションの展開は、銀河レベルから星系へ惑星、そしてミクロレベルまで降りてくるように影響が拡大していきます。すべての生命体の細胞レベルまで行き渡り、物質そのものが異次元の変化の波に乗ることができます。私たち人間の日常生活でも、気づかなくとも受け取っているのです。

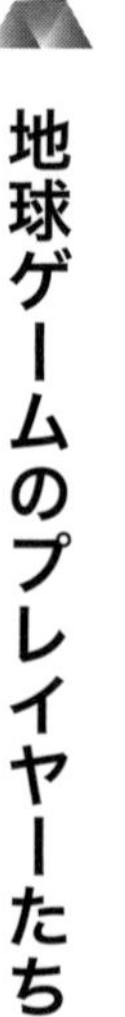

地球ゲームのプレイヤーたち

今回の地球の次元上昇に関わっているプレイヤーたちを紹介します。マクロスケールからの簡単な説明となります。

地球人類は大変長い間、いくつかの対立しているＥＴグループの異次元闘争の間に挟まっている状態で生きています。この次元間の争いの的となるものは、資源やお金ではなく人間の生命力と意識そのものです。私たちの無限大の可能性を取り戻すには、恐ろしい真実にも対面しますが、同時にまだ気づいていない素晴らしいサポートを知ることへも繋がります。

対になる言葉

アセンションは、二つの概念として整理すると理解がしやすくなります。このセクションでは「対の言葉」を使ってご説明します。アセンションを知る大切なキーワードは、意味をねじ曲げられていることも多いため、再定義をする必要があるのです。三次元世界でのゲームプレイヤーである私たちに、見えないところから様々な影響を与えている2つのグループの存在があります。

反対言葉1 「エイリアン vs ET」

アセンションの大事な背景、皆さんがよく知っている宇宙人に関係するキーワードの整理から始めましょう。まずは「エイリアン」と「ET」です。これらは曖昧で同じようなものとして一般の間で理解されている現状があります。どちらも宇宙人の意味を示す単語ですが、本当はベクトルが全く異なるものなのです。

英語で「エイリアン」は、〝外部のもの〟もしくは〝あるシステムにとって不自然な部外者〟という意味です。一方で、「ET／Extra Terrestrial（地球外知的生命体）」は、スティーブン・スピルバーグ監督の映画をはじめ、どちらかというと科学的なニューアースを中心とした宇宙人の世界、もしくは友好的な宇宙存在のことです。長年隠されてきましたが、地球は実際に「エイリアン」がコントロールする世界でした。この事実はようやく認識されてきました。このように二つのキーワードを正しく理解すると、非常にシンプルにアセンションの現状を整理することができるのです。

反対言葉2 「アルコン vs ガーディアン」

エイリアンとETは長い時間をかけて一般にも普及した単語ですが、より専門的なアセンション用語として「アルコン」と「ガーディアン」があります。

アルコンは、今まで通りどんな手段を投じても人間への支配を継続したい存在たちです。よく耳にする様々な問題（アブダクション、宇宙犯罪）を地球に持ち込んでくるアルコン・ネットワークの中にも巨大なヒエラルキーがあり、全体として人間の進化を阻害する「ネガティブ・エイリアン・アジェンダ」を遂行させようとしています。アルコンの部下たちは「闇の権力（イルミナティ）」と呼ばれ、人間とアルコンの遺伝子を操作するなど、地球での不正を繰り返し、人間を見えない領域から完全にコントロールしてきました。

ガーディアンは、人類の進化や地球の成長と解放をサポートしている存在です。ガーディアン・ネットワークは「銀河ファミリー」「銀河連盟」などと呼ばれ、いつも私たちを見守ってくれています。この地球に生きる全ての人が彼らのサポートを受けているのです。しかも、ガーディアンは、私たち一人ひとりの自由意志の尊重を最重視し、ある一定のところまでしか介入しないように注意深くサポートしてくれています。

〝一定のところまでしか介入しない〟という姿勢はとても大きなポイントで、これは「宇宙の自然法則Ｎａｔｕｒａｌ Ｌａｗ」と呼ばれています。人類を含む全ての宇宙存在は、自由意志のもとに生きる権利があり、無理やり介入してはならないというものです。

ガーディアンの具体的な活動は、地球レベルや個人レベルのいずれも、「無断侵入するエネルギーを取り除く」ことを目的としています。アルコンが侵入してきた影響による不正なエネルギーの流れを修復したり、ネガティブなエネルギーに対して無防備な人々の護衛もしてくれているのです。

反対言葉3 「アースシード vs スターシード」

ガーディアンから見ると、地球に住む人々は主に2つのタイプに分けられます。それが「アースシード」と「スターシード」です。

アースシードは、地球における経験が豊富で物質世界での暮らしに困ることが少ない存在です。逆に宇宙の経験はほとんどない魂であり、地球での魂の学びや成長スピードについては比較的遅い傾向があります。遅いからと言って劣っているというわけではなく、ただ単に魂の性質がそうであるというだけのことです。

スターシードは、宇宙における経験を豊富に有し、アースシードをサポートする役割がある魂です。地球全体の波動を上げるためのライトワーカーを演じているとも言えますが、一方でアースシードのような地球での経験が少ないため、この次元にグラウンディングしにくく、この地球で苦労することが多い魂でもあるのです。

隠された人類の歴史（HHH／Hidden Human History）

歴史の多くは意図的に消されており、人類のルーツは私たちが辿ることができないように操作されています。私たちは本当のルーツが全く分からなくなり、地球人類は現在もアイデンティティのない文明になっています。歴史の真実や伝統を守り続けてきたシャーマンたちも、様々な時代で表舞台から排除されてきました。これも当然アルコンが展開している地球支配の流れです。

そのため、私たちは宇宙には簡単につながることができず、故郷の記憶を失ってきた経緯があります。今の経済・金融システムや限りある資源（例えば石油産業）が貧困意識をもたらし、コントロールを許してしまっているのです。地球で生きる大半の人が、このマネーゲームの世界を必死に生き残ろうと日々あくせくしています。しかも、私たち人間が宇宙の神秘を体験する余裕がなくなるように、この状況は計画的に仕掛けられているのです。

つまり、私たちが最も理解するべき点は、コントロールの仕組みは「そもそも地球外で始まっている」という事実に他なりません。近年、闇の権力の裏にある意図や計画がようやく明かるみに出るようになってきました。この制限された世界から解放されるために多くの光の存在が動いています。

私たちの行方

ところで、私たちはどこに向かっているのでしょうか？

世界中の人々は、〝新型コロナウイルスショック〟による体験を通じて、ある意味で一つになったと言えるでしょう。私たちが迎えた２０２０年は大切な分岐点であり、従来の古い思考パターンと低レベルのプログラムを完全に手放して切り捨てるチャンスなのです。巷に蔓延る陰謀論を注視しすぎることなく、明るい宇宙の未来にフォーカスしましょう。今こそアセンションの本番に突入しているのです！

本来のアセンションは、高次元宇宙とのダイレクトな繋がりを取り戻すプロセスのこと。これはどうしても時間がかかってしまうものです。急いで努力をするよりも、コツコツと毎日を積み重ねていき、そのゴールを目指せばいいだけなのです。そうすることで、本来皆さんが持っている大きな実現力を思い出すことができ、フル活用していくことができるようになります。

Chapter

2

本来のアセンションとは

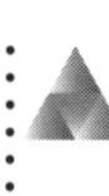

本来の惑星アセンション計画とは

本書の執筆作業を本格的に始めようとしていた2019年12月のある日のこと。ガソリンスタンドで「IN」という文字が私の目に飛び込んできました。私はこれを「さぁ始まるぞ！」というメッセージと受け取りました。まさに〝入り口〟であり、〝インセンション〟を示す「IN」なのです。ETコンタクトでもそうですが、自己の内面としっかり向き合えるようになるほど、自分の中のネガティブ部分のリリースや、宇宙からのサポートも可能になり、同時にこの世界の理解も高まっていきます。

今の地球のアセンションには、明らかにガーディアン・グループが関与してくれています。私たちにガーディアンという存在を気づかせないように配慮しながら、さりげなく次元シフトを起こしてくれています。素晴らしいパイロットは航路の途中で乱気流によってどれだけ激しい揺れが起きたとしても、すみやかに立ちなおせる技術を有しています。通常では考えられないような緻密なスケールで調整ができる。ガイドたちもこのように休むことなく常に計算して、リアルタイムで私たちをサポートし、調整してくれているのです。最前線で動いているスターシードとガーディアンたちとのコラボレーションによって、地球のアセンションが順調に進んでいるからこそ、インセンションのために必要な情報が、私たち地上クルーを通して地球に降りてきているわけです。

「皆で一緒に学ぼう」というスタイルは、これからの個々がインセンションをしていく時代にはあまりフィットしません。周りの人たちとの共同作業は大事ですが、今はまず自分のことに集中していきましょう。自分自身の解放ができてこそ、宇宙存在も強いサポートができるようになります。宇宙から一人ひとりの理解度に合わせたフォローが入ります。

アセンションにまつわる説明や内容において、〝ノアの箱舟的〟な地球脱出系やＵＦＯピックアップ系や典型的な終末論が語られている場合、それは人々を誤った方向にミスリードするためのアルコンが描いたシナリオによるものです。このような間違ったサブカルチャーへの強い信じ込みや先入観を持っている人は、まだまだたくさんいます。こうしたネガティブなイメージは、この際しっかりとリリースしてしまいましょう。

オーガニックアセンションとは

ガーディアンのサポートはとても順調に進んでいます。自分の内面と繋がると、新しい次元にアップグレードされた地球ガイアの軽いエネルギーをすぐに感じ取ることができます。スターシードを阻害する「他人の情報」から目をそらし、ポジティブでクリーンなアセンション観を持ちましょう。古い情報を切り捨て、ソフト・ランディングで、ありのままに自身のトラウマを解放していきましょう。

〝宇宙のワンネス〟の中では、万物が同じ素材・生命エネルギーでできています。私たちは本来、多次元的な一心同体の存在であり、根源的なエネルギーを共有する存在なのです。アセンション展開は、宇宙の中心から分離した私たちが本来の自分自身へと回帰する旅でもあり、このプロセスを経ることはまさに生命の自然な道のりでもあるのです。

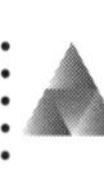

惑星アセンションの不可欠なテーマ

- ETグループのアジェンダを認識
- 隠された人類の正体を思い出す
- 個人レベルまでの宇宙的なエンパワーメント
- ライトボディの解放・DNAレベルでの目覚め
- 宇宙的な文明を地上に誕生させる

多次元のコズミック・パルス

「コズミック・パルス」＝全ての宇宙の脈のこと。

地球はこれまでは分離の次元にあって、創造次元が存在しないくらいに多次元空間の端に存在しています。宇宙は多次元宇宙で呼吸をし、多次元のコズミック・パルスが永遠に脈打っているのです。これから書く内容は、前作において言及した「コズミック・エッグ」の続きとなるものです。

銀河の中の知的存在は、ワンネスの中にありながら一人ひとりが独自の意識を有しています。そして、ソースの源から次第に離れていき、分離の極限である意識の持てない星屑へと向かいます。やがて方向を転換し、再びソースの源へ帰っていくという大いなる生命の旅を繰り返しているのです。この美しいリズムこそが、宇宙全体の多次元的物理です。「マヤ暦」で有名な南米のマヤ族、インドにおける「ユガ周期システム」や西アフリカのドゴン族など、星の運行を深く知る人々は、古代からETとの交流によってこの深淵な宇宙のサイクル・リズムを熟知していました。

おもしろいことに、私たちは今一番創造主（宇宙のコア）から遠いところから、Uターンして帰っていくところなのです。このUターンの運動こそ「アセンション」です。夕陽と朝日が最高に美しい時間であるように、このドラマチックな時期を体験するタイミングで、私たちはこの地球ガイアに生まれてきたわけなのです。

アセンションの目的

集団レベルでの目的

今の地球の物理次元は、創造主からかけ離れ、とても重苦しい状態に陥っています。私たち人類は自由意志が奪われ、アルコンたちによるコントロールが蔓延し尽くすという状態がここまで進行してきました。宇宙の中でも珍しい状況だったのです（初めてのことではないですが）。

この大きな背景をつぶさに見てみると、現在の問題の多くは人類のコントロールを絶対に手離したくない存在が原因を作っていることがわかってきます。地球が本来持っている自由を取り戻し、私たちが故郷である源の意識へと戻られては致命的に困るパラサイト的存在が、ありとあらゆる形で私たちの進化を食い止めてきました。

その意味においては、地球はハイジャックされてきた惑星であると言えるでしょう。陰謀論だけをかいつまんで部分的に調べても、宇宙意識アセンションの全体図はなかなか見えてきません。ありがたいことに、２０２０年以降は地球の脱皮・次元上昇がどんどん加速していきます。アルコンたちは、これまでのように私たちにアクセスすることができなくなっていくことでしょう。

個人レベルでの目的

惑星アセンションこそ、私たち人類の集団としてのゴールになりますが、そのためにもまずは目覚めかけているスターシードたちの個人レベルでの理解が必要になってきます。その第一歩が、「自分は絶対的な宇宙の一部なのだ」という自覚を芽生えさせるです。

これからは、全ての超古代からの教えと最先端の宇宙からのガイダンスを融合させて、私たちの日常生活の中に取り入れていくことになります。集団アセンションのゴールは一つですが、各自が歩むすべての道のりは自分しか体験できない特別なものです。そして、体験こそがこの地球上での人生の最高の贈り物です。この宇宙次元と人間社会を上昇させる共同創造は、スターシードたちの本来のミッションでもあるのです。世界中に、封印されてしまい目覚めていないスターシードがいるのは、実にもったいないことです。

集団のアセンション展開は、大半の部分までシフトを完了しているので、これから先の個人としての課題は、その変化を落とし込んで消化する「インセンション」を進めていくことになります。

2001〜2020年のアセンション概要リポート

・2001年「911事件」……アルコンのNAAが本番のアセンション展開を阻止するためにアグレッシブに動き出しました。

・２０１３年以降……ガーディアンETたちはアルコンネットワークを差し止め、新しいアセンションのエネルギーグリッドを構築する活動が進んでいきました。

・２０１７年12月……ガーディアンたちが完全に地球のタイムラインを安定化し、アルコンが目指す完全な支配や天変地異による「人類滅亡」のタイムラインは実現不可能になりました。

・２０１８年以降……非常にスムーズに地球の上昇は進行しています。

セルフ・マスタリー（自力スピリチュアル）

自分自身をマスターする。人生の全ての場面でベストな自分である。そのためには、宇宙的なバランスを日々の行動の中で実践していくことが必要となってきます。かつては、特別な修行を行った覚醒者たちが先に歩み、道を開いてきました。そうした先人たちのおかげで、現在ではその道は誰もが歩くことができる広い道になってきました。そして、一般の人でも日常レベルで覚醒の世界を体験できるようになったのです。

映画『スターウォーズ』シリーズに登場するジェダイたちは、「創造主（ソース）」とつながりながら、永遠なるフォースの力を使い、様々な場面に対処していきます。皆さんもぜひジェダイになってください。

また、これまでも様々なスピリチュアルの概念や有名なスクールがありましたが、次のフェーズに移る必要があります。今までのように、グル（指導者）や師匠にずっと付き従うやり方は本当に古いのです。これからは、未来型の気づきを得ていきましょう。「ＮＯ ＧＵＲＵ」、つまりは自分自身がグルになるのです。これは、自分が主体者になるということに他ならず、意識的にも物理的にも自分で段取りを決め、自分本来の力に目覚めていくのです。

何事も体験が先に立ちます。その時は本質を理解することができなくても、あとからできるようになるものです。現在の人間界のプログラムに慣れていると、しっくりこないことが多いかもしれませんが、未来型の高次元存在はこの方法を好むのです。日本人は、「全てを知らないと不安になる」という真面目な人が多いのですが、不完全なままでも大丈夫であることを理解してください。そもそもアセンション自体が、現在進行形のプロセスなのですから。

セルフ・マスタリーのチェックリスト

□自力スピリチュアリティ
□三次元のマトリックスからの脱出
□「セルフ・グル」のスタンス：自分の覚醒の作業を外注するのはやめましょう。
□ガイドラインがありますが、また概念が無いところが多い
□自分の目覚めにコミットします

Chapter

3

本来のアセンションではないこと

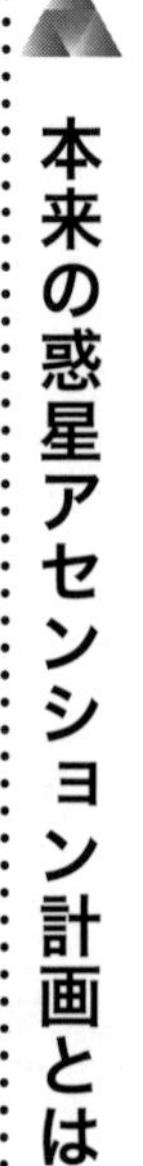

本来の惑星アセンション計画とは

　この章では、本来のアセンションに沿っていないものをピックアップします。アセンションに関心を持つ人が年々増えている中で、「アセンション学」の基本的な知識を知らない人がとても多い印象を抱いています。

　これは、アセンションの世界観に出会う最初のきっかけが、往々にしてＹｏｕＴｕｂｅで発信されている興味本位レベルの内容であることに端を発していいます。そこで面白おかしく展開される情報をかいつまみながら、アセンションについて知っていくことが多いからではないでしょうか。それ以外にも、「宇宙・アセンション」と言うキーワードを打ち出して投稿しているのにも関わらず、実際はその中身が今はもう古いニューエイジの教えをリサイクルしたような内容を発信している人も多いです。

光と闇　マクロレベルの背景

その中でも、とりわけ混乱を招いているのは「光と闇」に関する情報です。「闇の情報を避ける」「光だけにフォーカスする」という言葉を繰り返している発信者が多いです。「自分の体験は全て自分で引き寄せているものだ」というフレーズは、概念としては間違ってはいませんが、多くの方を混乱させてしまっている側面もあるのです。これについてガイドたちからのメッセージが私宛に届きました。この〝鏡の法則〟の原理は、「個人レベルの範囲だけであれば通用するものの、マクロレベルでは当てはまらないことが多い」というもの。それでは、この大事な話を「マクロ」「ミクロ」という二つのレベルに分けて整理していきましょう。

ソースの源からの分離の旅を尽くした私たちは今、深海の底に潜り込んだ時のようにどんどん強い水圧がかかり、密度の重い空間を生きています。ソースの源から切り離された闇の存在たちもたくさんいる場所です。

その中では、ソースの意図にさえ反抗・抵抗する自由が存在しています。

面白いことに、私たちは今、一番創造主（宇宙のコア）から遠いところからUターンをして帰っていく途上なのです。このUターン運動こそが「アセンション」です。朝日と夕日が一日の中で最高に美しい時間であるように、このドラマチックな時期を体験するタイミングで、私たちはガイアに生まれてきたのです。

しかし、私たちの生命エネルギー（Luce ルーシュ）を奪い寄生しているアルコンたちは、私たちが進化すると生き続けられなくなります。そのため、目に見えないグリッドだけではなく、現実の社会システムをも総動員して私たちの足を引っ張ることに必死なのです。アルコンは、軍や戦争、病気や金融システムなどの古いエネルギーにも全て関わっています。

このように、人類が数万年に渡って操作され続けた結果、そのルーツを見失ってしまいました。私たちがソースの源に戻ろうとしているのになかなか戻れないでいるのは、外部からの影響が強く働いていることをまずは知っておいてほしいのです。

これはマクロスケールでの「Ｉｎｔｅｇｒａｔｉｏｎ インテグレイション（統合）」のプロセスです。

一なる宇宙の法則　普遍的な宇宙の法則は全ての存在が従う

マクロとミクロの架け橋となる概念は、「宇宙の法則」です。これは1980年代に登場したアセンション学の原型の一つである『ラー文書「一なるものの法則」』（ドン・エルキンズ著）において紹介されているものです。

多次元の「コズミック・エッグ」の概念では、ワンネスとは全ての万物を囲む絶対的な愛のことです。ここ地球の次元は、愛の次元から自由意志のもとで一時的に離れて分離体験に遊んでいる世界です。分離はしていても、ソースの愛にいつでも必ずアクセスもできるし、普遍な「宇宙の法則」も適用されています。

しかし、私たちにとっては悔しい限りなのですが、ソースの源との繋がりを拒絶し、断絶して生きている存在たちには「宇宙法則を無視する自由意思」まで与えられているのです！ 本来は「光」の存在だったのにも関わらず、「闇」の存在へと少しずつ変容してしまうことも起こり得ます。どんな存在にも選択する自由権があるからです。しかし、権利を有しているとは言うものの、それは宇宙犯罪に他なりません。他者が走っている車線への割り込や前を行く車に対する煽り運転が、道路交通法という法律に違反しているように。

そして、皆さんがよく混乱するのは「ワンネス」と「二元的な分離」の矛盾ではないでしょうか。マクロ宇宙の観点からはワンネスであり、ミクロ宇宙の立場からは分離体験となっています。大きな分離のドラマにおいては、アルコンたちは闇の存在を演じてるわけです。

光と闇　ミクロレベルの背景

「闇」というのはマクロの視点から見るか、ミクロの視点から見るかで様子が全く異なります。ここでは「光」と「闇」のミクロレベル、つまり物質次元についてお伝えします。

スピリチュアルではよく「全てがワンネス」と言いますが、これは「マクロ宇宙」でのことです。実際には、私たちは今ミクロレベルの分離の領域に存在しているわけです。ここは自由意思や分離を究極のレベルで体験するための次元です。そのため、高次元にいれば当たり前に見えているソース（源）に帰る道が全く見えなくなっています。源からの分離自体が幻想であるという側面は確かにあるかもしれませんが、「わたし」と言う認識が物質次元に存在する限り、闇の被害やトラウマを実際に体験するのです。無視することはできません。

闇とは明るみに照らし、抱きしめて変容させる必要のある「実在する」存在なのです。とはいえ、この魂の学びとなるシミュレーションの次元の中で、「必要以上のネガティブな経験はしなくていい」という条件もあります。この本で紹介するアセンションの宇宙観は全て、私たちがあえて体験する必要のない、宇宙法則に反した闇の行為に対する説明をしています。

友好的なＥＴのガーディアン種族は、宇宙法則のルールキーパーではありますが、スターシードは長期間にわたる地球の拘束・不自由を解放し、ネガティブな影響を日常レベルで、自分で識別する責任があります。識別とは、ジャッジではなく「宇宙の法則を体現する存在なのか」を知る判断力のことです。

明確な識別を避けてお茶を濁すような行為は、思いのほか大きな問題なのです。刺激的、あるいは衝撃的な内容もあるとは思いますが、闇に対する態度は一貫して「光で照らして影を収めていく」という視点が大切です。マクロにしても、ミクロにしても、変わらないのはソースの愛と多次元宇宙の法則だけです。

私たちが生活で体験する闇と光は3つのパターンがあります。

1　光のソースエネルギー：宇宙的な不変的ワンネスの存在。

2　ソースに抵抗する闇のエネルギー：光を拒否する影の世界。悪魔主義そのもの。

3　光のソースエネルギーに化ける闇のエネルギー：ルシファー主義、偽光、トワイライト・マスターなど。こちらは一番わかりにくいタイプ。

そして人間界に現れていることと同様に、宇宙の存在たちもこの3つのパターンを体現しています。基本の原理を理解すれば、どんな細かい現象も見分けることが簡単にできるようになります。みなさんには、この宇宙の法則を感知する心のコンパスをフルで活用していただきたいのです。

ディセンションとは

アセンションに関する考え方や解釈は、意外にも世界中の共通認識が存在しています。しかし、ディセンションに関する情報は大変少ないのが現状です。数少ない情報のうちの一つが、陰謀論の範囲が地球に留まらず、宇宙へと拓大解釈されていくシナリオで、「NAAが成功してアルコンが地球を完全に支配してしまう」というタイムラインです。

宇宙のタイムラインが分岐する現象とは、〝アセンションの波に乗り続ける〟か〝ディセンションして波動が停滞し降下していくか〟という二つの道に方向が分かれることなのです。しばしば耳にする「二極化」という概念自体が、そもそもディセンションを基軸としたものです。

ディセンションとは、地球が波動的に多次元構造であるコズミック・エッグの中において、分離から統合へのＵターンが完全にできなくなっていくものです。アセンションが可能な期間があり、これが遅れてしまうとアルコンなどソースとの繋がりが完全に切れているパラサイトたちが、人類のシステムから生きている生命力を全て吸い取ってしまうのです。すると、ブラックホールや波動の泥沼に沈みかけることで、地球はどんどん重くなって上昇しにくくなります。最終的にソースからのエネルギーを循環できるコンテイジョンを消失してしまうのです。このように分離に落ち続ける現象を、アセンション用語では「ＦＡＬＬ（落下）」と呼んでいます。次元の落下のプロセスは、すべての存在が星屑になるまで劣化していきます。これは物理学的には、エネルギーが劣化していく「エントロピー現象」と呼ばれています。このように、ディセンションでは宇宙的マクロスケールのエントロピーが生じて生命システムが腐っていきます。それでも、また次の多次元の呼吸サイクルの中で、腐ったエネルギーも全て素粒子レベルのミクロまで自然に回収されていきます。

非オーガニックなディセンション

今回の地球でのアセンションドラマは、この二つの全く正反対の方向からの対立が基本的な背景となっています。アセンションの反対の流れである「ディセンション」は、次元の波動が螺旋的に下がり、どんどんソース（源）から離れていく道です。ある時、空間のラインを超えるとソースから完全に切り離された状態となり、反ソースのエネルギーへと悪化していきます。他存在のパラサイト行為によって、強制的にソースから分離させられてしまうのは、不自然で「非オーガニック」な道なのです。

本来、全ての意識を持つ万物は、自分の自由意志を表現する存在です。それゆえ、この世界にはアルコンたちが自然の法則を侵し、宇宙犯罪を行う自由までも存在するのですが、それも既に限界を迎えつつあります。

私たちは、無限大の愛からできているソース（源）の分かつ御魂として、そのパワーにいつでもアクセスすることができます。その人間の生命エネルギーに寄生しているのがアルコンたちです。地球が自然の源に戻るプロセスを阻止し、低い波動次元から離れないように全力で抵抗しているのです。自然に存在する自由と美しさから人々を切り離していくために、非オーガニックな状態を作り続けています。

悪夢から新しい夢への目覚め

本書の執筆作業は新型コロナウイルスが発生したとされる2019年12月の2ヶ月ほど前からスタートしましたが、仕上げの編集作業は2021年初夏に行われています。そのたった1年あまりの間に、世界は全く違う場所になっていきました。

状況が激変していく中で、闇のストーリーがリアルに現存していた状態から、完了して過去のものへと変容していく度に次元が軽くなり、世界を支配する古いシステムはもう消えかけています。その中で理解するべき摂理は、現実の変化は常に「先に異次元レベルで実現し、その後に私たちの目に見える世界に現れてくる」ということです。宇宙のテンプレートが現実の世界へと転写されていくのです。これからは古い次元への扉が閉じ、光の波長に同調していく存在が発展していく地球になっていきます。

現在、急に目覚め始めているスターシードやライトワーカーたちは、これまで触れてこなかった闇の情報にいきなり出会い、圧倒されてしまうことが多いようです。そのためかえって恐ろしい情報ばかりを深追いしてしまうことで、強い不安を感じている方もいます。それこそ「陰謀論の罠」にまんまと嵌められている状態ですが、異次元ではすでにそれが「完了し、過去になっている」ということを知ってほしいのです。現在の地球は、真の可能性を取り戻すタイムラインへとすでに軌道修正がなされたのです。この確信を持ち、立ち止まらず、安心して前へ進んでください。新しいタイムラインの進行を実感し始めると、苦しさやしんどさを感じていた現実が、遠い遠い昔の出来事のように感じるでしょう。

しかし、〝楽になるならば人任せでいよう〟という姿勢では、本来の力を取り戻すのは難しいということも知ってください。私たち人類は、あまりにも長い間、自覚することもなくネガティブＥＴたちからの支配を受けてきました。事実はひた隠しにされ、真実を知ることもなく歴史が繰り返されてきました。このコントロールの歴史で何が起きていたのか、私たち人類がどのような影響を受けてきたのか。それを明確にし、理解していくプロセスは、歴史を取り戻す上でとても重要なことなのです。ちなみに、地球を無断でコントロールをしていたアルコンの存在は、現在、銀河評議会による裁判において宇宙犯罪者として判決が下されています。スピリチュアルな領域を高度なテクノロジーで、相手に知らせることなくコントロールを仕掛けていくことは明確な宇宙犯罪なのです。

私たちは現実においても悪夢から目覚めつつあります。「人間だけが宇宙にいる＝宇宙人なんて存在してるわけがない」と思わせるような不正を断ち切り、友好的な私たちの宇宙ファミリーとの交流を実践する、自力のＥＴコンタクトは私たちの適切なリハビリとなるでしょう。

2021年アセンションの現状——情報戦争

２０１７年12月には四次元アストラル界のクリーンアップがかなりいいところまで進みました。ネガティブＥＴの排除や闇の権力の解体作業が順調に進んでいます。とはいえ、私たちの人生の前提として、闇によるコントロールが実際に行われており、それまでに奪われた膨大な意識や生命エネルギーを全て帳消しにすることは大変難しいのです。

アルコンたちは、目で見えない力である黒魔術や高度な機密兵器など、残忍で無慈悲な様々な方法で人類を洗脳し、彼らの計画を実行してきました。にわかには信じられないかもしれませんが、ハリウッドの世界の人たちが赤ちゃんを食糧として摂取するなど、あまりにも非人間的で恐ろしいことも現実世界では起きているのです。闇は人間のもつ純粋なパワーをあらゆる手段で奪ってきました。このような隠さた酷い問題にはライトウォリアーたちが水面下で慎重に対応してきたのです。

今までの地球はハイジャックされたホログラムに存在していました。アルコンネットワークが展開している「NAA」の最終ゴールは、地球の完全支配であり、人類の完璧な奴隷化です。彼らは社会を操るために様々な陰謀論を出してきますが、その闇を多くの人が見破ることができる時期がきました。

一緒にシールドに入って、人類の未来のために、この問題を解決して向き合っていく準備をしましょう。アルコンたちは、私たち人類の目覚めのプロセスを詳細に理解しているため、妨害するための多くのコントロールを張り巡らせているので注意が必要です。側から見ると素敵な活動に見えるような「なりすまし」など、様々な細工が各業界には仕掛けられています。素晴らしい情報に見えるものは、三次元のマトリックスからの出口に見えますが、実は「出口のない迷路の入口」だったりするのです。諜報機関のゴーストライターたちは大変上手になりすまし行為を繰り返し、うやむやに人を巻き込み、混乱が激しくなるようにミスリードしています。この状況は、人間の意識をコントロールするための「マインドウォー（戦）」とも言えます。

新型コロナウイルスの登場が闇の組織による計画と考えている人にとっては、世界中を巻き込んだグローバルな危機意識が高まる中で急展開していったロックダウンなど、どんどんコントロールが激しくなっていったことが理解できたと思います。しかし、それと同時に社会が恐ろしい状況になっていくよりも、はるかに壮大な展開が宇宙レベルで私たちに進化の刺激を与えていました。実際には、結果的に闇の支配の強化と同時に自由を実現しようとする人間の意識の進化も顕著になっていきました。それは例えば、テレワークの発展や残業の廃止など具体的な展開にも後押しされました。私自身はこの10年のＪＣＥＴＩの活動で人々の意識の急上昇に常に触れてきましたが、これほどにも完全な人々の集合意識による発展や現実への落とし込みを初めて目撃したのです。

意識のトラップとは

今現在、〝知識ベース〟で生きている人たちは、アルコンたちからすぐにミスリードされる危険性があります。バベルの塔と同様に、いずれも「言葉・数字・情報」は歪曲されているのです。ETコンタクト、ディスクロージャー、アセンションの分野では、意図的な歪曲が一番起こりやすいのです。この惑星アセンションは、まだ誰も知らない未知の世界であり、自分自身で体験しない限り、本当の情報を見分けることが大変難しいのです。

様々な形で概念の「罠」を仕掛け、情報の行き止まり工作を実行し、アセンションの進化を止めようとする存在がいます。これらは「意識のトラップ」と呼ばれています。真実の道を歩んでいたはずが、いつの間にか行き止まりへと向かう道へ切り替えられているのです。こうやって気づかない間に皆さんの覚醒が足止めされているのです。スターシードたちの本来のポテンシャルが未熟な状態のままになってしまい、真価が発揮されないままになっています。

私はそのような状態を、日本での活動でもアメリカでのプライベートでも目の前で何度も目撃してきました。ここからは、私が目撃してきた、不正のアセンション情報を紹介していきます。いずれも不安を和らげつつ勘違いを引き起こすものです。

ライトワーカーやスターシードが今すぐ思い出すべき言葉は「NOT MINE！ 私のものではない！」です。つまりは、自他との境界線をしっかりと自覚するマスタリーを実践することに他なりません。自分の問題ではないものを受け取らないようにボーダーを保ち、境界線を守ることです。これだけでも、瞬時に様々なコントロールから解放されるのです。

自分が体験するどのような状況においても、純粋な自分の「Truth Frequency 真実の周波数」を守る自由と責任が生じています。自分自身のセルフチェックを常に実践してください。「私の言葉や行動は、宇宙の法則に沿っているかな？」と、自分自身に尋ねてみるようにしてください。

【例1】アセンション「できる人」と「できない人」

偽アセンションのトップバッターとして紹介するのは、アセンションが「できる人」と「できない人」の区別です。惑星アセンションは、全人類が目覚めて進化することを目指すことをゴールにしているのにも関わらず、非常に根拠不明な「(設定された) ある条件をクリアした人だけが目覚めることができる」といった限定条件を提示し、目覚めようとする人に対してステータスをつけてしまうものです。

目覚めていく途中でこのような情報に触れてしまうと、自分自身の成長レベルを疑ってしまい、自分への信頼がどんどん小さくなっていきます。アセンションは本人の実現力がどうしても必要かつ最も重要なプロセスなのです。「もしかして自分はアセンションできない側の人間なのではないか?」と悩んでいるうちに、結局前へ進むパワーが停滞していくのです。これは本末転倒に他なりません。

「偽チャネリング情報」の正体

宇宙人についての最も厄介なものは、「偽チャネリング情報」です。これは長年に渡って多くのライトワーカーたちを翻弄してきました。しかも、現在もなお社会的な免疫力がほとんどついていないような状態です。そもそもの原因として霊的存在と宇宙的存在の違いがはっきりと認識されていないことが挙げられます。さらに、ネガティブ存在もこの手段を用いて意図的にスターシードを混乱させてきました。

ガーディアン系の宇宙存在との交流経験があると、実は多くのチャネリングが四次元低層の存在たちとの対話だと識別することができます。この問題は低レベルの存在から情報を得ていることに端を発していて、降ろした情報が既に正確なものではなくなってしまっているのです。しかし、不思議なことにその情報は完全なる作り話しではないため、誤った情報や宇宙存在のずれたイメージが発信されてしまい、いつしかそれがスタンダードのものとして流布されてしまいました。まずは、「〇〇様からのメッセージです！」と嘯く人に対して、すべての信頼を寄せないようにする注意が必要です。

それ以外にも、偽の証言や情報を巧みに創作する諜報機関（CIA、DIA、NSA、公安など）があります。これらの機関は、世界中のライトワーカーたちの体験を利用して、クローニングされた偽情報を巧妙に織り交ぜながらじわじわと混乱を引き起こし、ついにはアセンションのコミュニティを破壊してしまうという、コンピューターウイルスの「トロイの木馬」のような現象が増えています。

本来、高次元からの情報を得るためには、しっかりしたETガイドとの交流が前提なのです。そしてその内容は、人間の頭ではさっぱり理解できない、大変高度で専門的な宇宙的概念が多く、高次元チャネリングをすること自体が試練と言えるようなものです。しかも、圧倒的な高密度・高圧縮された情報である場合が多いです。ETガイドたちとチャネリングしている本人を依存させないよう、ダウンロードされる核となる情報は短く・暗号化されています。オリンピックに出場するトップアスリートのように、自らの精神をギリギリまで研ぎ澄ませて、精一杯まで情報にリーチをしている……。それが本物のチャネラーの姿であり、本書で紹介しているのはこのレベルのデータなのです。

正体不明のヒーロたち

現在私たちが目撃している世界のカオス的な状況は、アルコン集団によるアセンションへの最後の抵抗と反撃です。彼らにとって最も脅威となるものは、私たちのスピリチュアルな目覚めなのです。ですから今までよりも、あからさまで激しい情報や、偽のリーダーたちを次々と送り出し、AIが事前に周到な準備を行い、私たちの意識の進化の波を反撃していく計画だったようです。闇の支配が及ばなくなるような集団情報操作やマインド・コントロールの作戦を実行することに手を尽くしているのです。当然AIやテクノロジーから作られる仮想現実も深く関与しており、世界が急ピッチでオンライン化しているのも、人類の完全支配という「NAA」の最終的なゴールへ向かおうとするプロセスなのです。

また、陰謀論や宇宙人、アセンションの分野は特に攻撃の的になっているため、数年前からは本名も写真も出さずコードネームだけで活動する「正体不明のヒーロー」と呼ばれる形態で、目覚めつつある多くのライトワーカーたちに情報発信を続けています。皆さんが共感できるキーワード（NLP）やモーティシアに焦点を当て、目覚めを妨害するために、アルコンは不断の努力を続けています。

「裏情報」「陰謀論」「オカルト」などの分野全体は深く侵略され、全く信頼できないところまで劣化しています。そのメカニズムは意外とシンプルで、共通認識（メム）のあるものや、よく出回っているキーワードを立て続けに繰り返し、根拠のわからない物語を垂れ流しにすることで、まるで漫才師のように言葉を扱う技（ＮＬＰ）でパーフォンスを披露しているような状態です。そして「すごい情報源の代理人」であるかのように振る舞い、盗んだ情報をねじ曲げ、まだ無防備なスターシードたちを大幅にミスリードし、誤った道へと誘い込んできました。

「ＣＯＢＲＡ」「Ｑアノン」「ホワイトハット」などは数年前から突然現れ、宣伝塔として利用された、この現象を代表する偽ヒーローと言えます。匿名でカーテンの後ろに隠れ、正体不明という形で活動する理由は、夜逃げのように〝いつ姿を消してもいいために〟です。ダミーのようなキャラクターを作りあげ、情報操作のトロイの木馬として活動させるわけです。正体が不明であるため、最終的な責任を取らなくても良いというスタンスであり、社会的信念も実態もわからない上に詐欺師も関与しやすくなっています。

独自の論理に持っていかれている熱心なファンたちは大変なショックを受けるでしょうが、これほどまでのガードがかけられた壁に実際にぶつかっていることをわかってほしい。やはり、一回くらいはこのようなカラクリに騙されないと、身をもってわからない深さがあると思います。次は意識のトラップにハマってしまう前に、より慎重に進めていくことができる方が増えてほしいと思います。

アルコンのマインド・コントロールは、波動的領域でプログラミングされているデマが、文章や映像などに埋め込まれている奇妙な側面もあります。

このような「覚醒止め」を目的とした活動は、実際にアルコンが起こしている情報操作であることを認識する必要があります。彼らにはハイレベルのスキルがあり、うっかりマウンティングされ、いつの間にかとてつもない勢いで人々は洗脳の波に巻き込まれていくのです。

〈偽ヒーローのよくあるパターン〉

1 唐突に登場し、目を引き話題となる。

2 不正な情報をどんどん展開し、人々を巻き込む力が増幅する。

3 無責任な行動を極め、ダメージを片付けることなく消えていく。

蓋を開けて見ると、情報を流している背後が諜報機関だったり、他の偽物のネタを使いまわしていたりするだけのケースが多いです。また、経歴のないアマチュアも動いています。日本人は英語圏の現状は確認しにくいため、しっかりしたチェックがしにくいと思います。

アルコンの支配する軍などの監視テクノロジーを考慮すると、匿名を使い本名を出さないくらいでは隠れることはできず、狙われた人はいつか捕まり殺されるような結果になっていきます。それにも関わらず、のうのうと匿名で大きな活動を続けられている時点で「疑いを持つ」くらいでいいのです。これは、無防備にインターネット情報に振り回されているファンの人たちに一番気付いてほしいポイントなのです！

こんなに酷い状況がなぜ変えられないのだろう？と思う人も多いと思いま

す。大きな問題の一つとして言えることは、覚醒妨害のターゲットにされている多くのスターシードたちが「戦争のない星」から地球に来ているため、その暗く深い不正や異次元レベルの犯罪行為が理解不能であり、認識さえできていないのです。

この情報戦争の嵐によって生まれた新しい言葉が、とても私の活動にフィットしています。それは「Ｃｏｎｓｐｉｒｉｔｕａｌ コンスピリチュアル」という新たなジャンルを意味するキーワードです。二つの異なるジャンルを融合するイメージであり、「Ｃｏｎｓｐｉｒａｃｙ 陰謀論」と精神世界を意味する「Ｓｐｉｒｉｔｕａｌ」を繋げたものです。「コンスピリチュアル」とはすなわち、「陰謀論の情報はいずれスピリチュアル的な目覚めと直接繋がることがある」という認識です。これは私たちが日本で最初から広めている「ＥＴ

コンタクト」と「ディスクロージャー」のコンビネーションも、まさにコンスピリチュアルな活動そのものです。

本来のアセンションと集団スピリチュアル・ビジネス

そもそも「スピリチュアルブーム」と呼ばれ、現象化してしまっていることが良いのかどうかの問題に関わってきます。ある視点からは、大勢の人が同時に目覚めているように見えるのですが、実際には一人ひとりの深いレベルでの変化は起っていないことが、今の社会の現状を見渡せばすぐにわかります。

「スピリチュアルな成長を達成し、卒業しました」と言う人よりも、現実の変化を体験できずにぐるぐると堂々巡りをした末に〝お手上げ状態になってしまった方〟がどれほど多いことか！　全国を回って活動してきた中でこのことを本当に実感しています。やはりスピリチュアル業界のビジネスのあり方では、人間の意識の覚醒が後回しになってしまうのは当然の結果と言えるでしょう。その環境下で、私はずっと宇宙的な活動のあり方を守るために苦労してきました。

大事な概念ほど話題にされることなく影に追いやられ、不必要でしかない情報が表面的に大流行して、スピリチュアルに興味のある人々の関心をさらってしまっています。たとえば、「Ｑアノン」など一時的に盛り上がるような話題はとても簡単にクローズアップされ、出版物の刊行もとても早い。しかし、機密とされてきた情報を市民に公開していくディスクロージャーの活動はなかなか扱われず、人の目に触れないようにされているかのようです。

2013年に、私がスティーブン・グリア博士の大作ドキュメンタリー映画『シリウス』をリメイクした後、まだ日本語に翻訳されていないグリア博士の本は、全て日本語版を出版すべき価値があることは誰の目にも明らかでした。しかし、出版業界からの反応は全くゼロだったのです。2020年には日本もYouTube大国になり、様々な情報が手に届きやすくなりましたが、「ただ売れさえすればいい」という商売主義の悪しきスタンスは、スターシードのニーズには全く合っていないことがわかります。

アセンションに締め切りを付ける「ゲートが閉じる」

もう一つ、コントロールの手口があります。それは予言などの情報の中でアセンションに明確な締め切りを設定しているものです。この期限を素直に信じている方は、結局のところ焦りのエネルギーに振り回されてしまうしかないのです。タイムリミットを認識することで、「私は間に合うのか！？」という危機意識が発生し、ストレスに苛まれてしまうのです。

さらに、その予言情報を伝えている人たちのことを「当たり前にアセンションできる人」と思い崇拝してしまいます。そのため、最終的にはアセンションの解決策として高額な商品や情報商材を販売するなど、金儲けのためのビジネスを優先しているケースも多く見受けられます。本来であれば落ち着いた内なるニュートラリティを身につける時期であるのに、期限が設けられていると信じ込んでいるために、慌ててしまい手っ取り早い解決策を求めてそれらにすがりつき、結局は何も実らないまま終わってしまうケースは数多くあるのです。

本当のアセンションの展開をモニタリングしている方はよく理解していることですが、2013年から2017年にかけてかなり良いレベルまで地球の次元上昇は進んでいます。ETガーディアンたちのサポートによって、大切な分岐点もクリアしてきました。このポジティブ極まりない事情をなかなか耳にしないのも不思議なことなのです！ もちろんこれは偶然ではありません。その最たる要因としては、実際に高次元からのリアルなデータを得ている活動者がまだまだ日本には圧倒的に少ないことが挙げられます。

さらに、この背後でアルコンたちが焦燥感を煽る情報を広めています。ライトワーカーたちの波動を下げ、マスタリーの体勢を妨害して崩していくことが目的です。人間が不要なストレスを感じることで発生するするエネルギーを吸い取る「パラサイト行為」の仕組みは非常に狡猾だと言えるのです。

Exercise 1

自分のエネルギーを呼び戻す宣言 (Return To Rightful Owner Command)

RRO 宣言は、それぞれの時代と様々な次元に散らばったエネルギーや魂の一部、多次元的な自分の一部を全て回収するための宣言です。

RRO宣言

私は宇宙の光・１２次元の化身として、現在のタイムラインや現実において、宇宙の一なる法則に沿った光の源としての最高の表現・方向にとって不要となったあらゆる存在・ガイドとの全ての契約と合意を破棄します。

私は、過去・現在・未来における最も高い神なる目的と魂の使命を覆い隠してきた、全ての偽りのアセンションマトリックス(FAM) や信じ込んでしまった不要な情報の影響を終わらせます。

キリスト教に侵入している償いと十字架の契約そして低層４次元システムが､私の意識と12層の全てのエネルギー体に、影響を与えることを終わらせます。

さらにこの全ての契約解除が、永遠・永久に続き、全ての平行次元および平行タイムラインで実行され、取り消されることがないことを断言します。

偽りのもと侵害されてきた、全てのユニティコード・遺伝子情報・エーテルの宝石・エーテルの翼・生命エネルギー・エーテル体のパーツを、神のアバターである私自身の元へと戻すよう要求します。ここで宣言してきた自己主権・自己統治の権利を、今この瞬間、正統な所有者へ戻すことを要求します。

永遠の愛と赦しに満ちた源の光で、支配と操作を繰り返してきた低層存在たちを宇宙のワンネスへと溶かし、私たちの不本意な関係性を完全に除去するよう命じます。

私個人のエネルギー・オーラ領域を完全に癒し治し、これから先に起こる侵入からも完全に封鎖します。今、聖なる宣言によって、全ての生命エネルギーと魂の本質が私の元へ戻されます。

今、私は全ての自己主権と神の力そして自己決定の権利を呼び戻します。

そして、この惑星の全人類の代表として永遠の光に立つために完璧な自分自身の主権そして自由を選びます。

この恩恵を全ての人々と分かち合うために
今ここで、ギフトを受け取ります。

光とともに全ては1つ。

私はユニティ

愛なる宇宙の根源

ありがとう

リサ・レネイのEnergetic Synthesis教材より提供
(Creative Commons使用許可)

Chapter 4

スターシード・サバイバル

究極のニュートラリティーのために

スターシード・サバイバルにおける最初の大きなゴールは、内面の男性エネルギーと女性エネルギーのバランスを取り、地球社会にグラウンディングすることです。左脳優位で生きていると、目に見えない世界を認められないケースが多いです。反対に、右脳優位に生きて、目で見えない世界を見すぎるがあまりグラウンディングができていないと、霊的存在に振り回されてしまいます。

後者のようなケースが今までのニューエイジの世界で問題となっていたのです。そこから解放されるためには、高次元としっかり同調する訓練が必要になってきます。そのために大切となることは、「相手に尽くす」という意識を持つこと。とはいえ、完全な自己犠牲ではなく、自分の人生とミッションのバランスを取りながら実践することが理想です。それこそが、究極のニュートラリティーにつながっていきます。

かつての日本では、昭和のライトワーカー第一波の人たち（1950年代から60年代まで）が、地球の環境があまりにも重くつらいものだったために大量に自殺してしまうという事態が起こりました。スターシードたちの多くは、生まれてくる前にはここまで苦しいとは思っておらず、いざ地球に来ると予想外の環境にフリーズしてしまうのです。馴染めず戸惑い、豊かに生きるどころか「生きるか死ぬか」の瀬戸際にいる状態でした。

現在はインターネットが発達し、スターシードたちが〝一体自分に何が起きているか〟を知ることができる有益な情報が、以前よりもずっと手軽に得られるようになりました。これは非常にうれしいことです。とはいえ、ミスリードする情報も多いのは事実。それらに振り回されないためにも、自分の真実とは何かを追い求めることが大切です。この章では、多くのスターシードたちが共有できるテーマを紹介していきます。より大きな背景を知り得る、孤独を感じやすかったスターシードに共通しているテーマです。自分の今までの人生の体験が冷静に見えてくると、宇宙的な成長の過程がどんどん楽に進められます。

ライフプラン（分岐点と選択肢）

人は一つの人生が終わり、次の人生を始める前に、魂のレベルでそれまでの経験を振り返り考慮した上で、次の人生を計画して生まれてきます。初めてのことなのに懐かしく感じる「デジャヴ」と呼ばれる体験は、まさに前世で体験したことがフラッシュバックしています。もしくは、中間世で次の人生を見せられたときの記憶が蘇っているものです。

地球で過ごす人生の「ライフプラン」の〝骨組み〟は、生まれる前に決まっています。しかし、途中の細かい道筋は一人ひとりの自由意志によってその都度変わっていきます。スキー場で滑走しているところをイメージしてみてください。スタート地点とゴール地点、それ以外にいくつか分岐点がありますが、その間をどう進んでいくかは、実際に滑るまでわかりませんよね。人生においても家族や友人をはじめ、絶対に出会うメンバーは決まっていて、それぞれが演じる役割も大体は定められています。生まれ出る前の母親の胎内での記憶を持つ子供たちが、「自分の親を選んで生まれた」と言っているのを耳にしたことがあるかもしれません。就職だとか結婚だとか、人生の節目というものも決まっている。様々な体験を味わいながら分岐点を通過していくのです。

魂と銀河のルーツ

これを読んでいる皆さんは、多分「あなたは、〇〇銀河由来の人、〇〇惑星を経由したスターシードです」と言われた経験があると思います。

これは、「ギャラッティク・ルーツ」と呼ばれています。私も最初アルクトゥルス由来の人だと言われましたが、意味が全くわからなかったです。自分のルーツを知ることはETコンタクトと同様に、ただの知識よりも波動的にわかるべきことです。

私が察知する感覚をトレーニングしたのは、アメリカのアダムス山でのツアーでした。ジェームズ・ギリランドさんの個人セッション（テーブルワーク）で、数々の日本の方のリーディングを通訳しました。その中で、しばしば登場したルーツは「シリウス人」「オリオン系」「アンドロメダの人」などです。しかし、ただ知識として知ったのではなく、実際にその星のガイドたちとつながった状態で、各グループのエネルギーの色を感じながら、違いを知る感覚が育っていったことが私にとっての分岐点となりました。

スターシードたちが自分の宇宙のルーツを知りたくなるのは自然なことですが、波動の違いを感じられる前に知識ばかりを掘り下げてしまうと少々もったいないように感じます。自分が以前暮らしていた次元や星系のスターファミリーがETガイドになり、今世地球に生きるあなたを見守り、サポートすることが多いのです。そのため、自分のスターファミリーとの繋がりを復活することに注力していれば、微細なエネルギーの違いを感じ取ることで、自然に気づきや必要な情報が自分の手元にまで届けられるようになります。

ＥＴガイドとの交流を通して、今までの自分の好みや、得意・不得意がより深い場所で理解することができます。それまでは理解しにくかった人間の在り方や地球社会が、元々は宇宙の世界と密接な関係があったとわかることですごく安心できるでしょう。

今回の惑星アセンションの計画に参加し、応援しているＥＴグループは、超古代から地球と関わりを持っています。現在私たちのサポートしてくれている、ガーディアン系の種族は次の通りです。

・プレアデス星人
・シリウス星人
・オリオン星人
・アルクトゥルス星人
・アンドロメダ星人

これらの星出身のスターシードは、地球に多く生まれてきています。

他の星系やグループは人間の前世での関係で名前が出てくることもありますが、現在のタイムラインでは活動していない、もしくは存在していない場合があります。

インセンションとは

自分以外の人や環境からの応援を得なければ進化できないという考え方は、人間を無力にするものです。一方で、自分の中の宇宙意識に目覚めること、それこそが「インセンション」なのです。

インセンションとは「個人的なアセンション・ワーク」のこと。魂を磨き、内面の影を解放する「シャドウ・ワーク」です。自分にしかできないスピリチュアル・ミッションを認識し、蘇らせて起動させる「潜在能力の復帰プログラム」とも言えます。しっかりグラウンディングしてアセンションに向かえば、魂のファミリー、宇宙ファミリーとのコミュニティが築かれ、自分の中にブレない信念が育まれていきます。そうして皆さんの新しい宇宙意識がどんどんアクティベートされ、地球の次元に定着していくと、多くの人にこの新しい高次元の世界観がシェアされやすくなります。

アセンションの先頭に立っているスターシードたちが宇宙意識を認識し、自分自身への信頼が高まっていくと、家族や仕事の同僚、知らない人も含めて周囲にいる人たちへ高い波動の影響が拡がっていきます。こうした拡がりを実際に体験すると、言葉にならないほどの喜びとなります。そしてこの道を進んでいく原動力が生まれてきます。

私たちは、必要な時に、必要な存在から、必要なものが与えられるようになっています。〝そんなことはあるはずがない〟と疑ってしまう私たちの意識のクセを手放しましょう。そうすることで、ライトボディ、意識、波動の状態が上がりやすくなります。

インセンションの2つのステージ
―アウェイクニング（目覚め）とアクティベーション（起動）―

簡潔に言ってしまえば、アウェイクニングは〝気づきの始まり〟で、アクティベーションは〝実践〟になります。今、人々はどんどんと自然に目覚めている状態にあります。しかし多くの人々が「気づき」の段階で止まってしまっているのです。映画『マトリックス』のシーンで説明すると、コントロールの世界から解放されるために赤いピルを選ぶことが〝気づき〟であり、そのピルを飲んで新たな世界を生き始めることが〝アクティベーション〟であると言えます。

本やインターネット検索から知識を得ることは単なる入り口に過ぎず、知り得たことを日常生活に生かすことがアクティベーションなのです。これを難しく考える必要はありません。あなたの手の届く範囲からでよいのです。「家族や友人のことを想い、何かをする」「他人や社会に尽くす」「任務を果たしていくこと」などを実践していきましょう。どんな社会にいても、アクティベーションは可能なのです。

私のワークショップでも、様々な職業の方が参加されています。医療関係者、自衛隊の方、宗教関係の方など、普段は全く異なる分野に所属している人たちが会場に集まり、同じアセンションの目的に向き合って高次元からの刺激を持ち帰って、それぞれの職場に落とし込んでいきます。これは素晴らしい出来事なのです。解放と進化はあらゆる領域で必要であるため、老若男女、様々な立ち位置の人がアクティベーションを起こしていくことが大事になってきます。

スターシード特有のホームシック現象

自分の親ではないのでは？

私もそうなのですが、しばしば「この人は本当の親ではないのではないか？」とか「どうしてこんなにも親と馴染めないのだろう？」と感じているスターシードと出会います。実はこの現象は、スターシード（子供）とアースシード（親）がコラボレーションしている証拠でもあるのです。

親との関係に葛藤や矛盾が多いことは、正しい場所に生まれた証拠であると言えます。今、もしあなたの親子関係がうまくいっていないように思えても、自分を責めないでください。あなたが親の立場だとしても、子どもの立場だとしても。自分の目線からすれば、〝関係がうまくいっていない……〟と思えるかもしれませんが、宇宙レベルではフィットしているのです。そもそも地球に生まれてきているだけで、あなたは重大なミッションをクリアしているのです。

〝自分の星に帰りたーい！〟現象

多くのスターシードは、宇宙意識に目覚める前、〝地球から逃げたい……、ひきこもってしまいたい……〟という心細い気持ちになってしまうものです。

自分のハートのガイダンスを通して、宇宙ファミリーとコンタクトを試みていくことで、自分は孤独ではないということを実感し始めます。様々な日常生活の中で、ETガイドたちからのサポートを感じたり経験したりすると、心のどこかで願いつつも存在してるはずがないと思い込んでいた宇宙ファミリーの存在に確信を抱き、自分に大きな安心と可能性を感じるようになります。この本を選んだあなたの魂は、そのサポートと宇宙との交流を望んでいるはずです。

魂の暗夜 ダーク・ナイト・オブ・ザ・ソウル

「ダーク・ナイト・オブ・ザ・ソウル（魂の暗夜）」とは、辛く精神的な試練のこと。多くのライトワーカーたちは人生の中で、一度はこの試練を経験しています。アセンションのステージが大きく変わっていく時であり、スピリチュアルな活動をしている方にとっては、より深いスピリチュアル・ライフへと層が変わっていくタイミングです。これも古代から続いている聖なる「イニシエーション」の修行です。

魂の暗夜には3つのパターンがあります。

●内面的な試練。主に本人しかわからない部分が多く、辛く苦しい影響が本人の範囲だけに起こる。

●自分の内面だけではなく、社会的あるいは物理的な影響が限られた場面や相手にしばらく現れている。

●本人の生活が大幅に変化させせられるパターン。一番辛く対応が大変。離婚や転職、引越など基盤となっていた状況から強制的に追い出されるようなことが展開する。それはまるで人生の脱線事故さながら。役目が大きい活動者やグループ・リーダーたちは、これをよく体験しています。

しかし、〝辛い、大変〟と思うこと全てが魂の暗夜の時期ではなく、個人レベルもしくは社会や自然現象のマクロレベルのタイムラインが大きくシフトするタイミングでもあります。それではなぜこのような現象が起こるのでしょうか。

あなたの魂の学びのステージが一つ完了していても、ほとんどの人は生活の中に意識が埋没し、その一つの卒業を自覚できずにこれまでの延長を繰り返していることが多いのです。これを適切に次の環境や精神的な成長に相応しい領域へと運ぶために起こります。人間の行動は本当にすぐに「これまでの癖」の方へと戻ってしまうことが多いため、強制的な変化が起こることで、動かざるを得なくなることで前へと進める人が多いのです。

命がけのスピリチュアル危機

私の場合、何度か訪れた魂の暗夜の時期、まさに死にかけそうな状況に陥っていました。魂の暗夜が突然やってくるため、何も理解できないまま変化のジェット・コースターに乗りこんでしまい、パニックを発症してしまったのです。これは自己認識において「破壊と創造」のプロセスが起きていることに他なりません。新しい自分へとサイズアップしていくためには、今まで信じていた世界がグラグラと根本から揺れ動く中で、自分のインナー・シャドウと手放すべきエゴに向き合うことが必要となります。

このように起きる数々の試練は、一見すると無理難題なものに思えるかもしれません。しかし、どんな試練であっても、その時の自分を成長させるのに一番相応しいものなのです。そして、あなたがクリアできないテストなどやって来ないのです。焦らず、慌てず、少し冷静に俯瞰して見てみると、本当は簡単にクリアできるものだったということに気づきます。これを理解し、安心してほしいのです。ただ厳しいだけの努力ではなく、ある見えない境界線を超えるためのエネルギー的なプロセスなのですから。そうすることで次のステージに移行できるのです。

スポンジ人間（エンパス）現象

今の世の中には、アクティベーションしているスターシードはまだマイノリティーの存在です。スターシードの多くが体験するジレンマは、大きな潜在能力を持ちながらも同時に共感力も強すぎて、思うように身動きがとれなくなってしまうことです。自分のグラウンディングが安定する前に、他人や環境からの刺激やエネルギーを無防備に吸収しているからです。このような質を「スポンジ人間」「エンパス」または「ＨＳＰ系」と言います。生命体のエネルギーフィールド（オーラ層）は、スポンジのように柔らかく波動の情報が常に外部から出入りしている空間です。

波動の原理では、古いエネルギーが留まっていると新しいエネルギーが入りにくいのです。個人のエネルギー場であるスポンジがクリアになるほど、本当の高次元の情報を受け入れるようになるのです。これを理解することはとても大切です！ ここにアセンション・マスタリーの鍵が秘められているのです。今後の経験にも役に立ち、以前体験した多くの謎も解明されていくでしょう。

スターシードたちは地球人類の新しいテンプレートを根付かせていく存在です。まずは、自分のエネルギー体であるスポンジの中に、無意識のうちに吸収してしまった汚れを洗い落とすことが重要です。このクリアリングによって、新しいエネルギー、真実の周波数を吸収していくことができます。スターシードがそこに存在しているだけで地球のエネルギー場の解放をサポートできるようになります。これがスポンジ人間の良好なあり方なのです。エンパスであることを明確に自覚することで、インセンションの展開にうまく乗り、エンパスを意図的に使えるスキルとして切り替えていくことができます。

ライトワーカーとライトウォリアー

スターシードには「ライトワーカー」と「ライトウォリアー」の2種類があります。ライトワーカーの情報にはよく触れると思います。自分の畑以外のフィールドに介入することはあまりなく、多種類のタイプがあります。ここに生まれ、自分のライフプランを生きること自体が基本のミッションです(私の前著『ホログラムマインドⅠ』にタイプの分類など詳しく説明していま す)。本書では情報がとても少ないライトウォリアーについて詳しくお伝えします。この本に惹かれた方は、実はライトウォリアーである可能性が高いのです。

●ライトワーカー……人間や世界の中にある美しさ、愛、光に注目する光の働き手

●ライトウォリアー……人間や世界の中にある不正義、理不尽、問題に注目する光の戦士

地球のアセンション計画の中では、魂の個性によって役割分担が行われます。その中で上下関係は全くありません。ここではライトワーカーとライトウォリアーの主な人生のテーマの違いについて理解を深めてください。

ライトウォリアーの魂の性質は、宇宙の法則や真の光の周波数をこの三次元界で守ることです。そのため、宇宙の法則を無視する「宇宙犯罪」を起こす存在たちと対面したり、回収したりする活動に関わることもあります。アルコンにとってはもっとも厄介なスターシードたちなのです。ライトウォリアーたちはマンションの管理人のように、色々な畑を見張る責任があり、何らかのリスクを伴うミッションを受け取ることがあります。

「スピリチュアル」と「陰謀論」の二つのジャンルは切り離せないため、ライトウォリアーたちが担う〝社会の闇〟について知っておくことは非常に大切です。

隠されている、あるいは深い真実を知る存在はアルコンにとっては本当に厄介であるため、多くの妨害が行われています。その妨害を知らないうちに受けて、ライトウォリアーたちは最近まで「認めてもらえない」という忸怩たる思いを抱くことが多かったのです。

それでも、彼らの守護霊にはもっともパワフルなETグループである、七次元存在のシシ族、シリウス族、アンドロメダ族たちがバックアップしています。ライトウォリアーたちがガイドの存在を認識してなくても、介入しない形ではしっかりとサポートを続けてくれています。

ライトウォリアーたちが体験する大変な試練はもう一つあります。「現実は自分の意識が作っている」という考えは一理あるのですが、「闇の存在などこの世界には存在しない」「光だけを求めていたい」という主張をうっかり受け入れてしまったり、ライトウォリアーたちの存在やミッションそのものが打ち消されてしまったりする危険性があるのです。そうなると、一番理解して役目を受け止めてくれるはずのスピリチュアルの世界から除外されてしまう場合があり、それはとても辛いことです。しかし、自分自身でその価値や意味を見出し、勇気をもってライトウォリアーとして存在していることが最も重要なのです。

アセンション活動でよくある体験

ここからは、宇宙の仕事をしている人たちがよく体験する現象について詳細を説明していきます。

タイムラインのハイジャックを避けるためのシークレット計画

スターシードの地球における一番重要な活動は、秘密裏に行われてきました。なぜならば、アルコン側による「タイムライン・ハイジャック」という妨害行為が、目に見えないところで常に存在しているからです。たとえば、ＳＮＳで自分の動きをいちいち世界に報告するような仕組みも実はライトワーカーに対する罠の一種です。予定している動きを察知して、四次元界から動いているネガティヴＥＴの存在が、スターシードたちの活動が達成されないように邪魔をしているのです。結果として、その大事なプロジェクトの影響力が小さくなったり、内部のトラブルが起きたりするなど、知らないうちに本来のタイムラインからズレていってしまいます。

世界中のライトワーカーたちのスマホやパソコンで更新されている活動の

情報を、裏から監視している諜報機関が実在していることを理解する必要があります。しかし、巨大なコントロール・マトリックスの中であっても、アセンションの活動を継続するための前向きな工夫も様々です。ライトワーカーたちが動きやすいようにガーディアンたちも異次元からいつもサポートしています。

私もＪＣＥＴＩの活動でずっとそのサポートを体感しています。そのシールドの中には内部やスタッフのみなさん、海外にいる家族までも守られています。

フレンドリー・ファイア現象

戦時中、ジャングルの中や夜間など視界が悪い状況や、情報が間違っているために、味方の兵士たちを攻撃し殺してしまうことがありました。惑星アセンション展開も、未踏の地に踏み入るのと同じ状況です。成功モデルのない最先端の宇宙の仕事をしているみなさんも、混乱の多い現場で仲間同志であることを知らず被害を受けたり与えたりしてしまう経験があると思います。気をつけないと見ず知らずのうちに大事なミッションを妨害するアルコンの手助けすることになってしまいます。

これは「フレンドリー・ファイア現象」と呼ばれています。悪気なく起こることでもありますが、目で見えないマイナスのエネルギーが原因のときが多いです。またアルコンたちはマスコミに関わる人々を操作することで、大衆の意識をコントロールしています。マスコミを通して「常識」を作り出し、私たちが無意識のうちに「常識」や「普通」に囚われていくようにシステムが構築されています。これらの社会を誘導するテクニックは、「ソーシャル・エンジニアリング」と呼ばれています。自分にとっての真実とは何なのか。それを誰かからの情報で知ることではなく、自らのハートでガイドたちからのインスピレーションを感じることだけを優先しましょう。

スピリチュアル活動をしている方は身に覚えがあると思いますが、突然「メンバーチェンジ」が起きることがあります。交流していた集団の中で、ちょっとした揉め事や意見の食い違いが生じて、あっさりと縁が切れてしまったり、関わる人が総入れ替えされてしまうような現象です。これは一見攻撃や妨害に見えてしまうケースもあるのですが、グループの波動や共通しているタイムラインが急変しただけであり、必ずしも悲しい出来事ではありません。それぞれがより相応しいタイムラインへと移動した結果起こったことなのです。

闇に潜入し活動するライトウォリアーたち

もっとも想像しがたいプロジェクトは、闇の世界に混じり込むライトワーカーの仕事です。光側のスパイという役割で、多くの仲間から勘違いされ続けながら厳しい状況で活動を続けないといけない立場です。

妨害とセルフマスタリー

スターシードたちは、個人的なスピリチュアルな危機に加え、地球で実行するミッションに対して別の圧力がかかっています。その圧力とは、地球のアセンションを止めるために、アルコン側が用意周到に仕掛けたありとあらゆる妨害行為に他ならず、それはこの社会において浸透してしまっているのです。

アルコンネットワークは、ターゲットとなるライトワーカーにとって身近な存在、例えば先生や上司、パートナーなどの言葉や行動を外部から操作し、関係性がうまく機能できないようにしてしまうなど、様々な手段で私たちへの弾圧を続けてきました。こうした妨害に対処する方法の一つが、「セルフマスタリー能力」です。

セルフマスタリーを身につけるための第一歩は、「宇宙の活動に対する妨害行為が実際に存在している」ことをしっかりと受け止めること。知れば知るほど恐怖や不安を感じてしまうかもしれません。しかし、まずは闇の正体を知る目的があるのです。現実を客観的に理解していくことが、自分の力を取り戻すためには必要不可欠な情報なのです。いたずらに皆さんの恐怖心を煽るための行為ではありません。

宇宙意識に満ちた心でいれば、どんなことに対しても驚かない自分になっていきます。セルフマスタリーを体現すれば、視点を変える余裕が生まれてきます。そうすれば、これまでの敵だった存在が、反面教師的に自分のトレーニングをサポートしてくれていたことも見えてくるようになるでしょう。

すべての妨害の目的は一つ

ライトワーカーやスターシードたちが受けてきた妨害は、どの世代のどの場面であっても、その目的はただ一つです。それは、「その人の波動やエネルギー状態を落とす」こと。このシンプルな原理を押さえておけば、様々なことが明確になってくると思います。そしてもう一つの大事なポイントが、どのような攻撃であっても「個人的な理由ではない」ということ。〝全体的なアセンションを阻止する〟という大きな目的の中で起きてきていることなのです。これを理解さえすれば、自分自身を責めるような不要な混乱は全くなくなるでしょう。

若者文化にも侵入している

アセンションの世界に目覚めた視点から、若者の文化やメディアを見ると、大変なショックを受けます。意図的にネガティブな意識があちこち入り込んでいるからです。音楽や漫画、映画、ファッションなどを通して、若者の思考をあらゆる方向からアルコンのネットワークの意図するものへと誘導する仕掛けが広がっています。マイナスエネルギーを発信するような明らかに攻撃性のあるものばかりです。多くの若者の文化は、闇のモチーフを活用するサターン系のジャンルばかりが人気になるように仕向けられており、いわゆる「ダブル・コントロール」が見受けられます。

もともと宇宙次元での平穏さに慣れている魂たちが、今の地球の変な社会に反発して逃げる場を求めても、その逃げ場にもアルコンの支配が待ち構えています。キリスト教の誓約が嫌になり、若者がヘビーメタルの世界に駆け込んで、そこでサターン主義の影響に染められてしまうといったケースが世界中で起こっているのです。また、青春時代に出会うテーマや考え方の多くも、ルシファー主義がベースとなっているのです。

私も被害者の一人

私も皆さんと同じく、親や友達から足を引っ張られるような闇がもたらす影響を受けてきました。私は蟹座なのですが、その星座が背負うものとしてしばしば言われている通り、外側は硬いけれども内面は繊細で、意外と他人から傷つけられやすいという性質でした。さらに、高校に進むまでは非常にナイーブで、他人が話す内容をそのまま受け取ってしまうことが多かったものです。思い返すと、大袈裟な話や非現実的な話題には特に弱い少年でした。今になって考えてみると、汚れた人間社会には長年馴染めなかったのだと感じています。

高校生の時に、人気者の学生のグループに無理して入ろうとしていた自分を認め、それを止めた後に音楽やアートとの出会いを果たし、そのおかげで何とか自分らしい表現ができるようになりました。「自分の真の人生を生きる」という方向に舵を切ったのです。この人生の分岐点は、今の活動ともまた深い繋がりがあります。

スターキッズ（星の子たち）

宇宙から来ている最新型のスターシードは、その渾名として「スターキッズ」と呼ばれています。アセンション学では一番未知となる分野です。ＪＣＥＴＩの活動初期から、地方で開催されたイベントにはサポーターたちの家族が参加することがあり、その何組かがよい参考例となりました。どれくらい幼い時からＥＴコンタクトがあったかどうかなど、どんどん情報が蓄積されてきています。また最近では、リキッド・ソウルの個人セッションに、親子で参加する方も増えていますし、キッズ向けのワークショップも何回か開催されたこともあります。

スターキッズは身体が若く未熟な影響もあり、明らかに宇宙エネルギーシステムに敏感で、非常にスピーディーに状況の変化が生じていきます。とはいえ、どんな年齢の子供であっても、辛く感じる体験を最初のうちは自分自身で対応してみる練習が必要になります。辛い経験を避けて通るのではなく、宇宙からいつも親身な応援があることを若い時期から明確に知っておくことで、馴染みにくい社会の中であっても自信を持って今世を過ごすことができるようになります。一生懸命走りながら、必ずや心地良い理想的な生き方ができるようになるでしょう。

また、生まれた時から抱えるバース・トラウマや、子供たち特有の精神的被害を、可能な限りリアルタイムやそれに近い期間で癒し、それがもたらす影響をゼロに減らすことができれば、大人になるにつれて別人のように伸びやかになっていきます。古傷やインプラントを抱えることなく成長する子供が増えると、この社会の犯罪や不満、病気や不安などのベースとなっている世界が根本的に進化していきます。

さらに解放の体験が早いほど、ネガティブ存在からの操作や支配に対してブロックしやすい体質へと変えることができます。セッションで個別のケースを見てみると、スターキッズたちはネガティブな影響を外していくことの理解が早いです。ＪＣＥＴＩでは、これからまたキッズ専用講座やオンラインコミュニティを活用していくことを予定しています。

若い頃のトラウマやいじめについて

子供の頃に負った心のダメージやトラウマは、大人になってからも大きな負担となっていることが多いのですが、多くの場合はその背後に祟り霊やレプティリアン、ゼータ系グレイなど、トラウマ操作が大好きな存在たちが隠れています。無防備な子供たちにまで絡んでくる、とてつもなく卑怯な存在です。若いうちにエネルギーボディに傷をつけられてしまうと、その後エネルギーが開かれにくくなることを見越して、スターシードの花が咲かないように操作をしてくるのです。私がこのことを初めて明確に知ったのは、アダムス山でテーブルセッションを受けている方々が、生まれた時からのトラウマ体験を解放していく中で、様々な問題の背後にネガティブな霊的存在が関わっていたのを見た時です。

例えば「あの時のお父さんの言葉が心に刺さっているままだ」という人がいたとします。当人の心には、その時の場面がずっと接着剤で貼り付けられたように固まって離れない。そこで解放のワークとして、勇気を出してお父さんにそのことを話してみると、実は彼がそれを全く覚えていないということがしばしばあるのです。これはなぜかと言えば、実はその当時にお父さんが発した言葉は「彼自身の意思から出たものではなかった」ということなのです。

私は周りの友人より本を読む能力をいちはやく身に着けていたため、皆の前で本を読む機会を与えられるようになりました。ある日、ハロウィンのイベントだったと思いますが、いつものように皆の前で音読をし終えた時のこと。先生から封筒を渡されました。「いつもありがとう、これは君だけへの特別なプレゼントだよ」ということ言われ、喜んで封筒を開けました。その瞬間、尻尾から音が出る毒蛇のおもちゃが飛び出してきたのです。先生も含め、その場全員が私に仕掛けたいたずらだったわけですが、これは今になって振り返ると、人前で話すことに対してトラウマになるようにするアルコン集団の操作だったのだと思います。未来において、日本の地でディスクロージャーの活動をしていく私に対して、「喋るな！」という威圧も感じます。私はエンパスとして苦労したことも多々ありましたが、第二波インディゴチルドレンとして生まれ、宇宙からのガードも強かったこともあり、不登校になるほどのいじめはありませんでした。

ネガティブな存在というのは、人間の自由意志を尊重しません。神経回路に勝手に入り、「ネガティブな言葉を言いたい！」と感じるように脳に刺激を与えます。これは非常に恐ろしいトラウマの操作方法の一つですが、背景や原因を知ることで「あの人の発言もそうだったのかもしれない」と思えるかもしれません。いじめも同じく、憑依現象の場合があります。あなたのトラウマをつくったあの人も、もしかしたら憑依されていただけかもしれないのです。言ってしまえば「あまり人の言葉を気にするな」ということです。

親はスターキッズの地球での保護者

スターキッズは「生まれる前に自分で親を選んでくる」という認識は広く知られるようになりましたが、選ばれた親の責任は、生み育てるだけではなく、エネルギー的な側面でもあるのです。高校生くらいになるまでは、親が波動的な保護者でもあるのです。

宇宙法則は個人の同意が基本となりますが、親が子供の代理人となり、子供自身に認識がなくてもクリアリングやアセンションのサポートを行っても構いません。高次元と繋ぐため、あるいはエネルギーレベルでのトラブルから子供を守るための知恵と経験を高めていきましょう。これをしっかり理解している親が増えると、平和な子供時代を過ごすことができるようになり、成人する頃にはライトボディが健やかに成長して、ポテンシャルを存分に発揮できるハイパワーな存在になっていくでしょう。

親がエネルギー的に保護をすることで、いじめや若い頃に経験するマイナスの影響を、深い傷として残さないトレーニングをしていることになります。クリアリングすべき古いエネルギーのない大人として生きていく人が増えることで、世界は変わっていくのです。

スターキッズとの初期の触れ合い

ＥＴコンタクトの世界で活躍されている方々は、基礎からトレーニングを積んでこられている人もいますが、突然その世界の扉が開かれたという人も少なくありません。その中には「アブダクション」(宇宙人による誘拐)のように、あまりよくない低層コンタクトから始まるケースもあります。私の場合(ここまでET関係の仕事をすることになるのは予想外でしたが)、そうしたショッキングな出来事も全く起こりませんでしたし、非常に良いエネルギーを受け続けていると実感しています。

私の日本語力の向上も、この活動を継続していく上で大事な鍵となっています。来日当初は日本語を学ぶことに対して、非常にワクワクするような情熱的なエネルギーを感じていました。特に2008年、難しい専門用語や初めて耳にするスピリチュアル用語、さらに高度な日本語を覚えていた頃は、同時にコンタクトに関するパッションやインスピレーションもどんどん増していったのを鮮明に記憶しています。

スターシードというのは、子供の頃からインスピレーションもそれに対する妨害も必ず経験しています。私自身も、若い頃は良かれ悪しかれ様々な体験がありり大変でしたが、どんな経験であっても「愛」をあらゆる側面から味わっていたのだということが、今となっては良く理解することができます。

Chapter 5

リキッド・ソウル・アクティベーション 1

素晴らしい未来とつながるための通過点

日常生活での変化は人生に一番深いインパクトを与えます。それはすなわち、毎日瞬間的に私たちが感じているメンタル、感情、精神、肉体レベルの変化のことです。宇宙のエネルギーバランスから見ると、地球はとても重たくて辛い場所でしたが、これからは新しい軽やかな次元を体現しはじめます。私たちは少しずつ完全なアセンションされた人間になり、「地上天国」を生きるようになります。

〝私たちの地球の文明が宇宙的な成人式を迎えるのをぜひ見たい！〟と、たくさんの仲間たちが楽しみにしています。「はじめまして」と思っていた存在たちが、「久しぶりー！　ずっと会いたかったよー！」という宇宙ファミリーだったという気づきもあるかもしれません。宇宙存在は私たちの先祖です。彼らが進む道を私たちもこれから歩いていくのです。今見えている物質世界は、これからの素晴らしい未来とつながっていく通過点なのです。

これまで、地球における素晴らしい宇宙計画は大きく脱線してきました。それを軌道修正して正常なルートに戻そうと、多くのETたちがサポートしてくれています。皆さんもワークを進めるうちに、はるかに遠い存在だと思っていたETたちが、実際は日々触れ合っている身近な存在であると感じられるようになります。

リキッド・ソウル・アクティベーションの目的

ライトボディは目には見えませんが、確実に存在しています。東洋医学でいうところの「気の流れ」も同様です。実は、何万年も前に人類はアルコンやアヌンナキに遺伝子操作をされ、ライトボディの大部分が麻痺しています。正常に機能しないよう、さらにアセンションもできないようにされているのです。しかし、それは眠らされているだけで、全ての人間が今でもライトボディを持っています。

エネルギー的な健康を放置してしまうと、トーラス状のエネルギー場である電磁気生命フィールドが正常に循環しなくなり、物理的な身体にとっても大きな負担になります。残念ながら、ほとんどの現代人はこのエネルギー体の不健康さに毎日苦労をしています。

自分のライトボディをしっかり管理できるようになると、高次元のエネルギーが体内の深いところまで通りやすくなり、自分の周波数そのものが上がっていきます。こうするとどんどんエネルギーレベルが上がり、本来の多次元構造のチカラをこの世界で実現しやすくなります。現在は高次元からの光が三次元界まで届きやすくなっているのは嬉しいことです。

ライト・コミュニケーション（エネルギー交信）とは

「宇宙」と聞くと、遠い世界のように感じるかもしれませんが、宇宙はそもそも多次元構造であり、私たちの生きている三次元物理空間と重なり合っている状態なのです。

つまり、大気圏の終わりから宇宙が始まるということではなく、現実には宇宙（異次元空間）が物質界の中に混ざっていて、そこにはいつでもアクセス可能なのです。これが宇宙の基本原理である「ワンネス」です。全ては異なる次元で同じ場所に存在し、あらゆる点が意識で繋がっているため、時空を超えたところにアクセスできるのです。

ＥＴコンタクト、ＣＥ－５コンタクト、リモートビューイング、体外離脱、チャネリング、前世療法など、様々なアクセス方法があります。しかし、大切なのはそうした次元にアクセスした「後」なのです。本書では、その次元の存在たちとリアルタイムで交流する方法をお伝えします。

方法はいくつもありますが、共通して言えることは「意識の科学を活用している」ということ。とくに地球外文明との交流の場合、光の速度を超える「超光速」の原理で異次元間のコミュニケーションが可能になります。

高次元の存在との直接的な交流を重ねると、次元間に働く原理が現代の量子力学で表現されるものであり、古代から続いている秘儀や英知を結びつけるものであることがわかります。

ソースの光までコネクトすること

現代の量子力学の研究も、この宇宙観を証明してくれています。「万物は同じソース（源）から発生している」という考えは、世界中の宗教や哲学に共通しています。荘子の思想である「万物斉同」はその最たるものでしょう。高度なアセンション観も同じです。ETガイドたちやスターファミリーとの再会は重要ですが、いずれそのレベルも超えて、直接ソース（源）との繋がりを開花する道があなたを待っています。今どんなに重い現実を生きているとしても、ソースへと繋がる経路はアクセス可能です。〝宇宙のどこに行ってもソースの光が届かないところなどない〟ということを思いだし、安心して前に進んでください。

究極ニュートラリティを体現

アセンションに関することは情報が膨大で、新しい宇宙観や知らないことだらけだと感じている方が多いでしょう。しかし、極端に言ってしまえば、長年のワークで自分を磨いてきた結果はとてもシンプルなゴールへと辿り着きます。それは究極の中立性である「ニュートラリティ」です。玉ねぎの薄い皮を剥くように、肌のレイヤーが一つ一つ抜けていくと、本来の自分であるゼロポイントに戻るしかないのです。

スターシードは、普通の地球人よりも難しいことが簡単にできてしまったり、短時間で新しいスキルを学べたり、サイキック能力を有するなど、皆さん素晴らしい個性や得意分野があるのですが、それと同時に未熟な分野もあるのです。たとえば、前世で学びきれなかったことや、人間関係や社会的交流が苦手であるなど、今世で学ぶ課題はたくさんあります。「スターシード＝完璧な存在」というわけでは決してないのです。

リキッド・ソウルとは

「リキッド・ソウル」とは〝液体化している魂〟という意味で、通常「ライトボディ」や「オーラ層」とも呼ばれています。

霊的なエネルギーが三次元に現れるとミストや霧のように見えますが、四次元の空間の中では人間や生命体のエネルギーである「気」が、重みのある液体やゼリーのような状態になります。魂の性質が液体のように多様な情報を保存することができて、柔らかくてフレキシブルなのです。「ソウル」は肉

リキッド・ソウルのイメージ

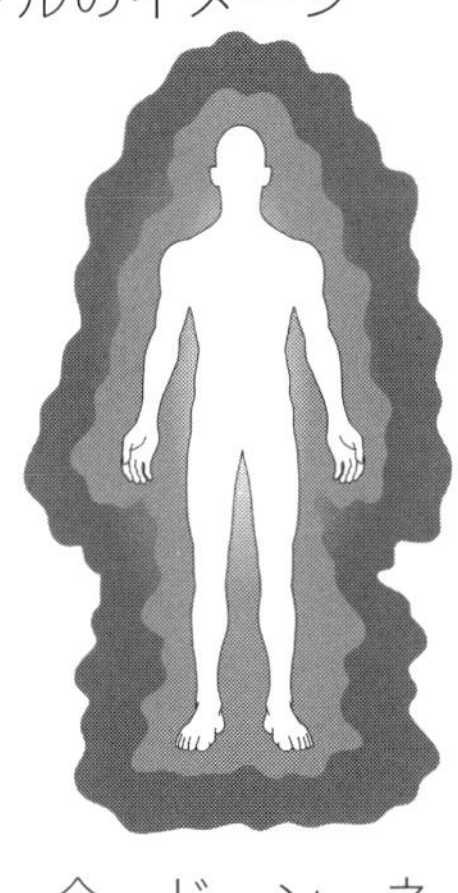

体以外のオーラ層のボディで三次元に属しています。

銀河のコアから発信されている神聖なエネルギーを、地上クルーである私たちがアンテナとしてキャッチし、地球のフィールドに接続していく必要があります。それは、今まで地球に定着したことのなかったもの、それでいて今の地球に欠かせない必要不可欠な癒しのエネルギーです。

2012年（アセンション中間点）の前

後30年は地球次元を上昇させるチャンスということで、多くの異次元存在が地球にやってきています。私のＥＴコンタクトワークでは、まず言葉で解説をした後、皆さんと現場に赴き、ただ「ＵＦＯ」を見るだけではなく、その場で直接高次元のエネルギーを受け取る体験もしてもらいます。最終的に話を聞いたり、目で見たりするよりも、一番記憶に刻まれるのが「エネルギー的なコンタクト」なのです。

私が実施している「リキッド・ソウル・セッション」は、室内でＥＴガイドにエナジー治療をしてもらいます。人生におけるトラウマ、心の傷、ライトボディの傷を修復するセッションであり、紆余曲折を経て辿り着いたものです。施術用のベッドに横になってもらい、異次元の経路を開き、スターシード自身ののスターファミリーやＥＴチームから直接エネルギー調整が行われます。セッションの体感がとても明確で、その変化は永続的に続きます。

スピリチュアルの世界のベテランでさえ、あらゆるワークやミステリースクールなどを経験しても、「これほどの効果に出会ったことがない！」と驚きのコメントを寄せてくれています。

これこそ「ＥＴスピ」の世界です。以前のニューエイジの療法では五次元以下の霊的な次元にアクセスしたものがとても多かったのです。今までのヒーリングやレイキとは全く異なり、高次元の銀河の存在たちが直接クライアントさんにエナジー治療をしてくれるので、スターシードが受けやすい深い傷さえも癒すことが可能なのです。

リキッド・ソウルのキズと凹みの修復

私たちのエネルギーボディには、遥か昔から蓄積されてきた波動の情報が一つも漏れることなく保存されています。数々のストレス、不安、恐怖心、怒り、トラウマのデータも全てストックされているのです。ドイツのエクハート・トーレ氏は、この情報が保存されているオーラ層を「痛みの体（Ｐａｉｎ Ｂｏｄｙ）」と命名しました。

ライトボディ（エネルギーボディ、オーラ層）の存在は、古代仏教やキリスト教、そのほか世界中の宗教に関する文献の中に時折登場します。しかし歴史の作り手によって内容が歪曲され劣化してしまっていることが多く、重要な情報である人間の超感覚や松果体の役割などの知恵が秘密結社によって独占されてもきました。しかし、ようやくガーディアンたちの手助けの中で、隠されてきた人類のルーツが開示され、古代からの英知が私たちの手に戻されようとしています。

このプロセスは、換言すると「聖なる錬金術」と呼ばれるイニシエーションのことです。小さな力しかないと思い込んできた日常から、あらゆるパワーが自分の内側にあることを思いだし、創造的でパワフルな自分を生きはじめることになります。

つまりセルフ・マスタリーの体得のことであり、他の存在に頼ることなく自分自身でソース（源）との繋がりを再構築することに他なりません。人生で起こることを、一つずつ丁寧にクリアしながら、次の段階へと目覚めていくという地道な道のりは、昔から変わらない宇宙的な歩み方です。しかし今や「覚醒者」や「悟りを開いた人」は特別ではない時代になりました。

リキッド・ソウルの光合成活動

宇宙意識の体得とは、エネルギーボディ全身が完全に起動している状態です。全ての人間には多次元のエネルギー構造があり、その働きは様々な次元からのエネルギーを受容すること。この多次元的なエネルギー構造が現在は麻痺しているため、正常な循環活動ができません。その働きを復帰することがヒーリングなどの多くのエネルギーワークの目的です。

アセンションは宇宙の壮大なことではありますが、あなたの内深くから体験していくことが本題なのです。自分の中の宇宙と再会するプロセス自体が、多次元ライトボディを活性化することになります。簡潔に言うと、新しいエネルギーを少しずつ取り入れて消化していくことです。アセンション用語では「Light Body Accretion」と呼ばれています。これは高次元の光の情報をオーラ層にダウンロードし、蓄積していくことです。

高次の光を吸収することとは、究極のETコンタクトでもあります。ETファミリーと地球にいるスターシードたちがお互いに目的意識を持って、進化に向けて取り組むことは大変喜ばしいことです。自然界では様々な生命体が、光の刺激によって成長したり変化したりしています。植物は葉緑体で行いますし、海の生き物ではクラゲやホタルイカが発光します。また、天使や菩薩などの背景にも光が描かれていますね。私たちもこのように「光の生命体」になることができるのです。

ディスペンセーション（高次元叡智の分配）

ＥＴガイドたちからスターシードが受けとるサポートは、生まれる前から与えられることが約束された財産や贈り物のようなもので、人生の分岐点ごとに受け取っています。届けられる光の情報・エネルギーは、例えるなら留学生の親が子どもを想って、野菜やお米を留学先の国に送っているような感じです。

高次元ガイドからの光の贈り物（ギフト）は、英語で「Ｅｎｅｒｇｙ Ｄｉｓｐｅｎｓａｔｉｏｎ」と呼ばれています。五次元以上の空間に存在するＥＴ文明には、高度なエネルギー科学による医療があります。その技術を使って、新しいエネルギーを私たちにダウンロードし消化するためのサポートを定期的にしてくれています。Ｄｉｓｐｅｎｓａｔｉｏｎは無意識のうちに受け取る場合もありますが、私たちが意図的に依頼することで、より優れた繋がりになります。このエネルギーの受け皿であるライトボディを浄化し、新たな空間を用意することで効果が発揮されます。ライトボディに限らず、ＥＴコンタクトの活動でも、同じ原理を何度も体験してきました。その場所のエネルギー空間をクリアにすることで、宇宙船が現れやすくなります。

宇宙のＤＮＡが目覚める

銀河アセンションのドラマの中で、大変重要なピースは遺伝子（ＤＮＡ）の役割です。様々な働きを持ち、あらゆる星々の生命体の意識レベルや進化できる可能性の根本的要素なのです。また多次元で活動しているＥＴグループは遺伝子科学を日常的に活用しています。

地球人類はガーディアンＥＴからのＤＮＡのアップグレードをサポート

されていましたが、その後、アルコン系のグループによるＤＮＡの不正操作も体験しています。今、私たちがカオスとも呼べる現実を無意識に繰り返している原因は、そのダークサイドによる宇宙犯罪の結果なのです。

気づくことのできない不正な遺伝子操作を止め、正常な状態に戻すことで、人類本来の天使的な姿を実現することができます。

だからこそ、スターシードたちのミッションの中核というのは、自分たちの中にあるガーディアンＥＴとの接続回路となるＤＮＡを解放しアップデートすることなのです。遺伝子情報を更新することで、〝遺伝子の形態形成場を進化させる〟ことができるのです。スターシードがオーラ層に受け取った新しい遺伝子情報を地球次元に下ろすことによって、全ての人々へと自動的に共有されていきます。スターシードたちは少数派でありながら、全人類へと影響する力強い存在なのです。

エネルギーの消化活動・期間

リキッド・ソウルの成長を促す高次元からのエネルギーは、私たちの次元よりも遥かに電圧が強く、超高速で圧倒的なスピード感があります。そのエネルギーを受け入れ、自分の存在に浸透させ馴じませるには、食べ物と同じように十分に消化する時間が必要です。「高次元エネルギーを受け取る↓消化する」というプロセスを繰り返しながら、新しい質が安定していくのです。消化していく期間は、あまり無理をしないで自分に優しくし、適宜ケアを行ってください。睡眠の時間と水分をたっぷり取ると、エネルギーボディの変容が伝わり肉体のデトックスが自然に進みます。老廃物をトイレでスッキリ流すことで好転反応の辛さも幾分和らぎ、よりスムーズに乗り越えることができます。このように、私たちの活性化や深いヒーリングと宇宙存在は常に深く関係しています。

天使人類について

人類は、少なくとも12種族のＥＴグループの遺伝子を組み合わせた存在です。宇宙存在たちがそれぞれの最も高度なＤＮＡのデータを結合し、マスターレベルの新しいハイブリッド型の生命体を誕生させるプロジェクトによって私たち人類が生まれたのです。まさに遺伝子の図書館とも言えるでしょう。

このハイパーポテンシャルかつマスター的存在である地球人類の情報は、

宝そのものなのです。この宝物を奪い自分たちのものにしたい、コピーして密輸したい、利用したい、そのような意図から、進化レベルが低く競い合っている宇宙存在のグループが、外宇宙から無断介入を始めました。

地球は、「地球楽園」「ガイア神」「ガイアソフィア」などとも呼称される知的な存在であり、その母体（母船地球号）を私たち一人ひとりに提供し、様々な経験ができるライフ・ステージを与えてくれています。本来は人類が、母なる地球と共存して暮らすような生き方ができる文明になるはず

シュシュムナのイメージ

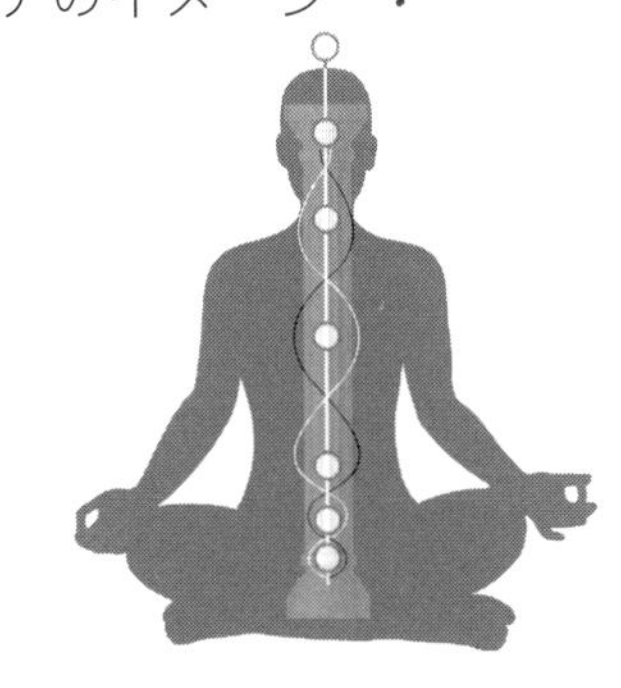

だったのですが、途中でどんどん予期せぬ方向へと道が反れてしまったのです。しかし、他の高次元の惑星に暮らす存在たちが自分たちの星を守護しているのと同様に、私たちには「女神地球」を守る任務があります。知的文明の前提の一つが、自分の暮らしている惑星と調和して存在することなのです。

地球で展開されている長期にわたる侵略や、数多くの宇宙種族が関係したドラマは、全宇宙においても前例のない凄まじい出来事だと認識されています。それについて、私はETガーディアンたちから「異次元的な問題には異次元的な解決が必要」というメッセージを2013年頃に受け取っていました。ですから、地球の住民である私たちからガーディアンたちに解決のサポートを求めましょう。侵入者を逮捕したり、エネルギー的に無防備な人々を防衛してくれたり、タイムラインの修正に努めてくれます。

シュシュムナ（体の中心に縦にあるエネルギーチューブ。そこをチャクラが貫いてます）の歪み、チャクラ（経絡のライトボディ、ナディス〈エーテルボティの経絡〉、体外チャクラなど含む）の位相のズレなど、ほとんどの人がエネルギーボディに何らかのダメージを抱えています。特にゼロチャクラが非常に重要です。

シュシュムナは、ルートチャクラからではなく、スピリチュアルハウスである十二次元シールドの領域、つまりゼロチャクラからシールドの天井まで引き伸ばして捉えてもらいたいです。足元の20ｃｍ下に位置する「ゼロチャクラ」は非常に重要で、自分のインセンションの初期段階で開花していく必要があります。ガイドがチューニングをサポートしてくれますので、十二次元シールドを作る時にこの依頼を入れてください。

Exercise 2
自己評価アファーメーションのワーク

このワークはより高度なイメージ力を育てるための基本エクササイズとなります。自分にとって、一番理想的な未来やフィットするべきタイムラインは、自分の自己評価と直接的に関係があります。マイナス思考の負担を超越するために、それを書き換えるためのプラスの言霊のリストを用意しました。一つひとつ、心で感じながら、自分に読み聞かせてみてください。

・私が**恐れる**必要はありません
・私が**怒る**必要はありません
・私が**心配をする**必要はありません
・私が**悩む**必要はありません
・私が**驚く**必要はありません
・私が**焦る**必要はありません
・私が**緊張する**必要はありません
・私が**罪悪感を持つ**必要はありません
・私が**迷う**必要はありません
・私が**我慢する**必要はありません
・私が**黙る**必要はありません

Chapter 6

ライトウォリアーのジェダイ・トレーニング（闇の正体）

イントロダクション——明確な背景を理解すること

本書読者の皆さんが目覚めるための大切なパーツとして、闇の正体への正しい理解が必要になります。闇のエネルギーが絡んでいる陰謀論や、闇の世界の正体や封印された真実、裏社会、裏経済、裏の権力者についてこの章で紹介する目的はきちんとあります。

多くのスターシードたちは、真実までの通り道として、闇の存在に関心があるのです。それゆえ、陰謀論に触れているうちにミスリードにひっかかってしまうといった、不要な躓きを避けるための予備知識をシェアしたいのです。

皆さんの注意を喚起することによって、よりスムーズに、そして安全に隠された真実を明かすことができます。今まで人類をコントロールしてきたシステムは、人に気づかれないよう隠されている状態だったため、この裏の真実を明かすプロセスが必要なのです。今までの闇の活動のカラクリを理解すると、これから行くべきではない方向がより明確にわかります。なぜにこんなにも重く非宇宙的な社会になってしまったのか、私たちには人類の本当の歴史とともに知る権利があります。

陰謀論の世界だけを取り上げると、三次元界のコントロールばかりにフォーカスしてしまい、宇宙レベルの真実にはつながらないままになります。しかし、地球と人類を支配するシステムは、「そもそも地球外から仕掛けられている」ということこそ、闇の社会と宇宙をつなぐと最も重要なポイントです。

闇の正体

本章では、あらゆる闇の根本と正体を紹介していきます。正しい認識さえあれば、恐怖心を抱くことなくニュートラルな立ち位置から対応できるようになるのです。現在はタブー視され、スピリチュアル界でも触れないようにしているテーマも登場しますが、スターシードに不可欠な知識をさらに共有するために必要なプロセスです。メディアやスピリチュアルな知識や情報さえ、今ではコントロールがかかってますね。

とにかく、闇をしっかり観察し、認め、受け入れた上で、光で包み癒さないといけないのです。かつて先進的なスターシードたちの活動の一つに、アルコンの手下となった存在たちの地上での工作や不正行為を観察し、報告する仕事がありました。「アルコン・ネットワーク」というマインドコントロールのグリッド。ようやく、その巨大なシステムの隠されていた点と点を結びつけることができる時代になったのです。

私も日本の闇の組織がよく使うメカニズムを経験し、研究し、分析してきました。この情報を読者のみなさんに公開する行為は、さながら沖縄の海水浴場にある「危険な海の生き物たち」への注意を促すために立てる看板のようなものです。これはまさにアセンションとは反対方向に下降していく道であり、恐ろしく進化レベルの低い行動です。

ＥＴコンタクトは３タイプしかない（多次元のパズルゲームを組合せる）

世界中からたくさんの宇宙人にまつわる情報が集まってきています。一見するとカオスに見えるのですが、惑星アセンションに関わっているコンタクトは、実は３つのタイプしかありません。

スターシードのアセンション活動で最も大事なことは、ＥＴグループの直接的な交流です。その中で、それぞれのＥＴグループの人間との関わり方の特徴を知ることがマストになります。違いは波動とそれぞれの存在の行動を見ることで判断が可能になるのです。

幼い子供には、「誰にでもついて行かないでね。知らない人に誘われても車に乗ったりしないでね」と親が注意するように、「ＥＴだから良い」とは言い切れないのです。

ET コンタクトは「1 ガーディアン系　2 ニュートラルに観察している存在　3 アルコン系」という3つのタイプしかありません。実にシンプルです。この3パターンのことを覚えてしまえば、このコンタクトがどの種族との交流なのか、どの現象でも簡単に判別することができます。

・ガーディアンと呼ばれるグループは、完全な他者への奉仕の精神で関わりをもちます。絶対に他人のフィールドに迷惑をかけない行動をしています。

・ニュートラルなグループは宇宙船の目撃などは起こりますが、直接的な交流はほとんどありません。

・ネガティブなアルコンは徹底した他者利用が動機になっています。常に自分たちの要求を最優先とし、他人の自由を無視するだけでなく奪っていきます。つまり、人間を誘拐するアブダクションや、チップを埋め込むような宇宙的なハラスメント行為は人間にとってかなりネガティブです。アルコンたちのコンタクトは無断で侵入し、派手で目立つため、今までのＵＦＯ関連情報は、まるでネガティブなコンタクトしか存在しないかのような印象を人々に残してしまいました。

ショックを受けるかもしれませんが、この地球上に自分が存在している時点で、アルコンからのハラスメントを普通に受けているのです。私たちが生きている三次元は、自由意志を極端なレベルまで表現できる分離の次元にいるため、「宇宙犯罪行為」も可能となります。しかし、いずれカルマや他の調整で宇宙が再び完璧なバランスを取り戻してくれます。

いろんな場面で、実際には先に記したどのグループと接触しているのかを判断するスキルを皆さんが開花させる必要があります。体験を重ね、少しずつこの判断力を身に付けていきましょう。

ネガティブ・スターシードとは

ライトウォリアーとは真逆の目的をもつ存在が闇のエージェントたちです。

この社会の中で反アセンション活動をしています。

アルコン系の魂も地球人として生まれ変わっているため、太古から地球のプロジェクトに参入し、正常な進化の流れを阻止してきているグループです。

・ドラコニアンやネガティブ爬虫類系
・ネガティブグレー系
・堕落したアヌンナキ系
・ネガティブ・ウォークイン
・アトランティスの滅亡を援助した「ベラヤルの人たち」

よくネットなどで見かける名前だと思いますが、私たちは実際に数多く遭遇し、対処してきました。最初はかなり危険な存在のように印象づけてきますが、愛のエネルギーであるソースと分裂している存在であるため、実際にはかなり弱いのです。

アセンション系のフェイクニュース：FAM現象（偽光のアセンション情報）

スターシードに知ってほしい「意識の罠」の一つは、「FAM（False Ascension Matrix）」です。これは宇宙情報をコントロールする争いの中で最も闇深く危険なものです。目覚めようとする人々を混乱させるために、アセンションにまつわるあらゆる話題に似せつつ、本質からずれるような情報を発信するものです。あからさまに危険な顔をしていないため、見分けがとても難しく、偽の情報の誤った結論が、いつの間にかあなたの中に居座ってしまうようになります。これはアセンション用語で「FAM」と呼ばれている四次元で行われているメンタルへの操作です。

こういった戦略にも、多くの場合は偽の光の存在が使用されます。アセンションを誘導するガーディアンたちとは関係のない情報が、さも真実を伝えるものであるかのように世界に拡散されていきます。例えば、数年前から流行している「COBRA」の情報を知っている人もいると思いますが、「ザ・イベント」や「ソーラー・フラッシュ」というトピックは、本質的なアセンションではなく、作られたアセンションの世界観の中での物語と言えます。〃時が来るのをただ、受け身で待っていればいいんだよ……〃という誘導がその背後にはあります。実際の意味は、〃アセンションは眠ったままでいいんだよ……〃という深い催眠でもあるのです。スターシードたちが立ち上がり、意識的に自分の進化に取り組むべきタイミングに、受け身の状態で目覚めをUターンをさせるアルコンの意図なのです。

そもそも宇宙は1日では変化しません。だからこそ、無理のあるような期待感をもたせたり、不自然な危機意識を起こしたりするような伝え方を感じるものに対して、用心深くあってほしいと思っています。焦燥感や不安から信じるものを求めた読者の方や、ハマってしまった人の波動が重たくなるような仕組みの一つなのです。実際のコンタクト経験など、自分の認識が確立していくと、その見分けは容易になっていきます。

隠された人類の歴史2

そもそもなぜ人類はこんなに堕落したのでしょうか。現代は、「枠にはめられたままでしか生きられない」「レールが引かれていなければ不安で前に進めない」という人で溢れた社会になってしまっています。自分という存在に誇りを持つためにも、大切なことは己のルーツを知ること。しかし、私たちは地球人の由来そのものがわかっていません。フリーエネルギーのような技術が見つかっても、自由に使えないように隠されています。次の次元にシフトできないように、古代人類の研究は様々な形で弾圧されてきたのです。

特に大きなマイナスの影響を及ぼしているのが、5千年前に起きた「アヌンナキ」（惑星ニビルから来てる宇宙人。アルコンネットワークの一種）による人類の遺伝子操作です。これによって、人類は超感覚が開花しないような次元になってしまっただけでなく、争いを好む〝戦争人間〟になってしまいました。こうしたアルコンネットワークの計画は、「ネガティブ・エイリアン・アジェンダ（NAA）」と呼ばれています。

〝人間から生命力を奪い、自分のものとして使う〟というアルコンたちの習性を「リバーサル」と言います。この話は別の章でできますが、アルコンの存在は人間の生命力の流れの軸が逆回転して苦しくなるような仕組みを、私たちの生活の中にたくさん埋め込んでいます。つまり、私たちの大切な「ルーシュ（生命エネルギー）」は、常に全く知らない存在たちの手に盗まれ続けてきたのです。アルコンネットワークによって、この盗まれた不正エネルギーの密輸と管理がずっと行われてきました。

人間から奪ったエネルギーや資源をバッテリーとして用い、今までのアルコンたちの仕組みができあがっていたのです。具体的には、性的エネルギー、興奮状態、苦しみや悲しみ、あらゆるストレスやトラウマ体験から生じる人間の負エネルギーや邪気をアルコンたちは利用していくのです。

しかし、非常に喜ばしいことに、２０１２年以降はこうした仕組みの解体と除去が急速に進み始め、この構造は大きく崩れてきています。大切なのは、私たちは〝制御されている〟ということを知ることなのです。

ダーク・アーツ・トレーニング

闇の組織が使う「裏技」から自分を守るためのスキルは、「ダーク・アーツ・トレーニング」と呼ばれています。相手が仕掛けている罠を、経験を通して知ることに他なりません。

映画『スター・ウォーズ』の主人公ルーク・スカイウォーカーがジェダイマスターになるための訓練のシーンが有名です。超能力以外に「ダークサイド」による攻撃、落とし穴や不正を避ける方法を学びます。

実際に宇宙の仕事をしている最中に、関わっている人が足を引っ張るような現象が頻繁に起こりました。当時の私も経験を通じて多くのことを学びました。今は被害者だったとは思っていませんが、「地球の未来のビジョンを描いて精一杯やっているのに、いったい何なんだ？」と人を責めたい気持ちになるような妨害が多々あったのです。

しかし、ある時ふと「自分に様々なことを言ってくる人も、憑依されている時があるのだ」と理解したのです。人間が四次元から操作される「オーバーシャドウ現象」というものをはっきりと認識できた時は、人生において三本の指に入るくらい大きな気づきでした。そして、こうした現象がどれほど日常に溢れているかということを知ってさらに驚きました。無意識的に生きていると、色々と見えない方面から私たちの意識やエネルギー場はダイレクトに操作されているのです。さらにこうした秘密のトリックを活用している人や霊的存在が私たちを狙っている驚くべき事実にも目が覚めました。

これらの経験は、今世で高度なスピリチュアル活動を行っていく上で、必要不可欠なことだったと思っています。様々な霊的なハラスメントやエネルギーの奪い合いの中、私たちライトウォリアーは活動をしています。

そして、はるか遠方の存在だと感じていた高次元の世界もまた、日常生活で毎日のように私たちに働きかけてきていることもわかってきました。それどころか、もはや自分自身と〝フル融合〟していることさえ理解でき、どんな現象に対してもサポートを感じると、あらゆる状況に対処できるようになります。私たちＪＣＥＴＩのチームは、日本で多くの無防備なライトワーカーとこれから目覚めてくるスターシードを守ために、ＥＴガイドたちから多様な体験や勉強を課せられたのです。

ＰＳＤ（サイキック・セルフ・ディフェンス）の能力とは

ダーク・アーツ・トレーニングと関連するトピックスはＰＳＤ（サイキック・セルフ・ディフェンス）です。サイキック・セルフ・デフェンスとは、霊的な攻撃から自ら身を守るノウハウのこと。意識を駆使して、体の周りにバリアのように気のシールドを張り巡らせてプロテクトしていくテクニックは、１９２０年代に出版された象徴的な本でも紹介されています。エネルギー的なセルフマスタリーの、さらに深いレベルへと到達することができます。

エネルギー的な妨害（スピリチュアル・アタック）とは？

闇の存在の見えない活動には、広く知られていない恐ろしいことが数多くあります。本書ではその影を天の光で照らし、明るみにしていきます。これは真っ向から事実として受け入れ、光の力で闇を変容させてソースへと誘導するプロセスの一つです。

アルコンが目指している完全なコンロトールの振動を覆すようなライトワーカーの存在は、当然ターゲットにされやすいです。地球で宇宙意識に目覚めようとしている人たちの手伝いに取り組むような活動には、必ず邪魔が入ります。この世界には、子供の頃から妨害を受け続け、自分の役割を果たせていないスターシードがたくさんいます。これを知ると本当に恐怖心が湧き上がる方もいます。これはとても自然な反応です。

このような苦々しい体験は、ある意味で自分が順調に目覚めていることを再確認できる現象でもあります。ガーディアンのサポートがしっかりと入っていると安心して活動を行うことができます。

皆さんは地球というフィールドのゲームプレイヤーです。たとえ今の時点でボールを持っていなくても、確実にそこに立っているわけです。ひとまず誰がどんな役割をしているのかを俯瞰し、自分が闇と光を統合する大きなゲームのプレイヤーであることを自覚をしましょう。

さらにスポーツに例えると、三次元でのフィールドにおいては、アルコンたちは基本的にずる賢いプレーしかしません。しかし、目には見えないアクションは私たちよりも2歩も3歩も先を進んでいるのです。とはいえ、アルコンたちがどんなに努力をして宇宙の基本的なルールを違反しても、ガーディアンたちを越えることはできません。物理次元の地球を支配はできるけれど、自分たちより高次元の世界は支配できないのです。

タイプ1　霊的ハラスメント：四次元妨害の原理

『ホログラム・マインドー』で紹介していた、四次元のエナジージャングルという低層アストラル界から、さらに厄介な仕掛けが送られていることを再度紹介します。まず最初に四次元界から入るアストラル憑依現象について。もっとも頻繁に現れる現象で、私たちはこれによって制限されてしまうのです。

アストラル憑依のタイプ分け

1 一般的なタイプ……個人に同調してくっついてくる。お墓の前を通って未浄化霊を拾ってしまったり、動物霊に咬まれてしまったりなどで憑依される。お互いに知らない存在で、ある意味で間違った関わり合いができてしまったもの。

2 無作為のタイプ……たいした悪気はなく遊び半分で、ざわざわした人混みやクラブなど乱れた空気感の場所に寄ってくる霊体。憑依されていることを認識してない時もあれば、認識している時もある。

3 アストラル・エンティティ（悪魔族、鬼、地縛霊、悪霊、妖怪の化物、四次元モンスター）が人間の不幸を意図するパターン……人の苦しみが餌の場合もある。喧嘩をしている場所や犯罪現場には、邪悪な想念体が寄ってくる。アルコールやドラッグをやるとオーラ層に穴があきやすくなる。究極の状態は「フル憑依」。エクソシストさながら、邪悪な存在が完全に入り込み、本人の魂が完全に排除された状態。

4　ネガティブET系（グレイ、レプティリアンなど）……ネガティブETによる霊的ハラスメントが強力になっていくと、その人には強固な自己否定感がくっついてしまう。しかし一度、その重たいエネルギーを認識し出すと、霊的ハラスメントをしている存在が見えるようになることも。ネガティブグレイやレプティリアンなど、人間の自由意志を我が物とし、勝手に人を利用しています。一瞬だけ三次元界に入り、すぐに抜けたりも。殺し屋に憑依する存在や日常の理解を超える犯罪事件に関与する。憑依して利用した人間の魂の「ルーシュ(生命エネルギー)」を奪おうとする。

驚くかもしれませんが憑依されている人は、ほぼ100%憑依されていることを認識していません。しかし、自分の空間のクリアリング(スペースコマンド)が上手になると、この四次元での現象を感知する能力が自然に開花していきます。とにかく三次元での制限や足を引っ張る現象は、もともとは四次元アストラル界から来ているのです。「これはまるでハリー・ポッターの世界のようだ!」と思われるかもしれません。実のところ、ハリー・ポッターで描かれている世界は、実際に存在する隠された魔法のことを正確に表現しているだけなのです。

アストラル・コード

見えるものではありませんが、自分で管理すべきものに「アストラル・コード」があります。別名「感情コード」や「サイキックコード」。このコードで、私たちはソース（源）の愛のエネルギーや情報を交換／交流しています。愛のコードは元来の自然な繋がりであり、切れるものでもなく、もちろん痛みなどもありません。

しかしネガティブな四次元の存在は、意図的に人間を操作する道具として、勝手に別のネガティブコードを付けることがよくあるのです。コードを不正に使用する「パラサイト行為」です。霊的なこのコードが、エネルギーを搾取するための道具になってしまっているのです。悪いコードは本人の意志に関わらずつけられ、波動が低くチクッと痛みがあるなど認識できたりします。日本の生き霊はこの一種に他なりません。

霊的な裏技（真言密教や修験道などなど）を訓練している人々も他人を妨害する、または監視するためのコードをつけることができます。私の活動初期の頃に主催した講演会で、私の前に座った人から何度もコードを強引につけられたことがあります。オーラ層に穴を開けられ、講演ができないくらいに生命力を奪われてしまうのです。他にも、寝つきが悪い時も、多くの場合はアストラル・コードが関わっています。自分のライトボディにコードから流れ込んできた、悪意のある他の存在からのがエネルギーを自分のものとして消化することはできません。他人からの念波や思考を自分のものとして整理することも不可能なのです。こればかりは、断ち切り、解放するしかないのです。

コード・カッティング・ワーク

側頭部や頭の上にいやな圧迫感を感じる時、コードをクリアリングしてみてください。イメージトレーニングとして、頭の上、肩、前方、後方、足もとなどあらゆる箇所において、大きな包丁を使ってブチッとコードを切っていくイメージを思い描いてみましょう。これによって、無意識の雑念が一気になくなっていきます。自分の周辺部に関して、定期的にコードを切っていく「コード・カッティング」の習慣を根付かせるようにしましょう。

憑依現象のパラサイト行為の正体

憑依現象は皆さんの想像以上に日常的に起こっています。実は、飛び込み自殺をする人のほぼ100%が、多数の憑依体に憑依されている状態です。本人のものではない意識やエネルギーに支配されて大切な人生を終わらせてしまうなんて、あまりにも残念なことです。

そもそも霊的な憑依はなぜ起こるのでしょうか？ 彼らは「ルーシュ（生命エネルギー）」を欲しがって人間に憑依するのです。『ウォーキングデッド』などのゾンビ系ドラマを見ると、四次元存在についてのイメージが沸きやすいと思います。

私も、彼らを高次元に移動し癒してもらえるように、ガイドたちに依頼しています。映画『ゴーストバスターズ』で、高次元の存在たちがプラズマの機関銃で彼らを退治し、ボックスに入れて回収するシーンがありますが、実際の世界でもガイドたちが同じことをやっているのです（イメージとして見えます）。自分のエネルギーボディがクリアで敏感になると、憑依された瞬間を感知できるし、「あぁ、今とれた！」というのもわかるようになります。

とにかく闇の存在は、単なる〝パラサイト〟であることを意識しましょう。悪い霊が部屋にいると、変なラップ音がしたり突然部屋が寒くなったり、恐怖心をあおるようなことをしてきますが、彼らのアクションは無視するのがベストです。安易に反応してパニックになるような反応はやめた方がいいのです。その攻撃はあなたに対する個人的な問題ではないことがほとんどなのです。ただ単に生命エネルギーが欲しいだけなのです。謎の現象をより正しく理解することで、きっと安心できるはずです。

遠隔憑依——電子憑依現象

霊的現象は、写真や映像として保存したものからもエネルギーが漏れ出てきてしまうものです。これらは「遠隔憑依現象」「電磁憑依現象」などと呼ばれています。写真や本といったアナログなメディアから、メールやＬＩＮＥやＹｏｕＴｕｂｅにアップされた動画などのデジタルデータを通して、低層四次元存在と繋がり（ネガティブ・アタッチメント）ができてしまうのです。

クレーム的なメールや批判的なコメントなどからも、低いエネルギーが出ています。とりわけ不満や怒りに波動が空気感伝達しやすいのです。つまり、興味本位でオカルト雑誌や動画を見ると必ず波動が落下してしまうのです！全てのメディアが霊的な扉を開き、エネルギーを別の場所までテレポートして伝達させています。見えない領域では、波動を合わせるだけでエネルギーボディの接触が起きます。セルフマスタリーを身に着けていないと、あらゆる外部の力に左右されてしまうのです。

タイプ2　政府機関レベルからの妨害

私は闇の組織については、相当に長い時間を費やして勉強してきたという自負があります。1990年に映画化もされた、『レッド・オクトーバーを追え』という世界的ベストセラー小説の著者であるトム・クランシーが私の原点です。私はミドルスクール（日本における中学校）の頃から、国際テロや軍事産業や政治の動きを描いた本を読むことが大好きでした。様々なジャンルの本を読み深めていくうちに、ディスクロージャーのことを知り、このような世界の理解へとつながり、恐ろしい陰謀論を聞いても驚かないような10代でした。諜報機関と秘密結社の世界（オカルティズム＝隠された世界）の深い関係性や、これらの世界観への理解が深まり、彼らの行動も手にとるようにわかるようになりました。

パワーゲームのピラミッドの頂点には、ほんの少数ですが闇の存在たちがいます。彼らは人々を巻き込む能力に長けています。彼らのイメージ操作能力や嘘によって人をだます能力はとてつもないものがあります。その力によって見事にありとあらゆる真実が次から次へと隠蔽されてきました。

このテクノロジーは「ソフト兵器※」と命名されています。「兵器」と呼ばれるものの人を殺すためのものではなく、行動を見えないところから阻止することがその目的です。これを国民に向けて堂々と使ってしまっているのです。「皆の気持ちが重くなるから、闇を語るのはいけない」という発想も、スピリチュアリティに目覚めている人たちの道をブロックし、巧みにコントロールしています。ありとあらゆる道に障害物となるものを作っては、人々を前に進めなくしているのです。それが一番使われているのは、テレビをはじめとするメディアです。今回のコロナ騒動においても明らかでしたが、彼らが真実の情報にフィルターをかけて人々の関心を操作しています。

※ソフト兵器……目に見えない暴力、エネルギーレベルの攻撃のこと。アメリカでは霊的なダメージを受けた被害者が抗議して、実際にそれに対する裁判が認められています。直接、死にはつながらないものの、人に恐怖心を与える目に見えないテクノロジーを使用した機密軍事兵器です。

ディープステート系の妨害行為

1 ケムトレイル工作

私は、2013年に刊行した著作『あなたもETとコンタクトできる！』の中で、日本で初めてケムトレイルを紹介しました。現在、この認識はかなり広がっています。皆さんは、空に白くて長い飛行機雲のような線が浮かんでいる光景を目にしたことがあると思います。これは、普通の飛行機雲のように私たちの目に見せながら、改造した民間機から有害化学物質を公然とスプレーで撒き散らしているのです。ケムトレイルの中にあるアルミなどの金属が、空気中のアンテナとして軍のレーダーがキャッチする電波を広げ、兵器であるHAARPの活用に使用されています。

2 ターゲティッド・インディビジュアル（TI／Targeted Individual）

集団ストーカー行為や盗聴・盗撮、コンピュータのハッキング等の標的にされた被害者のことを表す言葉で、直訳すると「標的にされた市民」です。軍の機密を暴露する人や命を懸けて活動している方でなくても、一般市民の誰もがいつでも標的にされうる状況があるのです。宗教団体から脱けた信者に対して、その団体が現役信者を使って「盗思考」を仕掛けさせるなどを行っていたこともありました。日本の中でも被害者は多く、私たちＪＣＥＴＩの10年に渡る活動の中でも、何度もこのような相談を受けてきました。このレベルの妨害になると、背後にネガティブＥＴアルコンも関与しています。

3 アブダクティ（人工とET）

さらに古いターゲティッド・インディビジュアル現象が、「アブダクティ（宇宙人による誘拐）」です。世界で最初のアブダクティとして知られているのが、1961年に起こったニューハンプシャー州のベティ・ヒルとバーニー・ヒル夫妻の誘拐事件です。この単語が一気に伝播していったのは、1980年代にドイツ系アメリカ人のフィットリー・ストリーバーが出版した『コミュニオン』という本が引き金となりました。この本の中で初めてグレイ系の宇宙人が登場し、恐ろしいグレイのイメージがそのまま宇宙人のマスコットになってしまったというわけです。まるで友好的なETの存在が揉み消されたかのようでした。

私は子供の頃、そうした誤った情報を耳にしながら、魂の深い場所で「絶対に違う、友好的な存在がいる」とわかっていました。それでも80年代当時は、

「宇宙人は危ない」「怖い存在」など、危機意識を与える情報しか表に出ていなかったのです。

そして「アブダクティ」には、次の3パターンがあります。

A アブダクティ（通常型）

グレイやネガティブETに拉致され宇宙船に乗せられた後、医療チェックや性的虐待を受ける。グレイと人間の子供をつくるハイブリッド活動などの体験談が記録されている。家に返されたときに記憶が消されるケースが多いため、対抗催眠のセラピーでその記憶を引き出していく。ETとのファースト・コンタクトに恐怖を感じる情報源になる。そこでインプラントのデバイスを付けることもある。

B 人間による偽のアブダクティ「マイラブ(MILAB)」人工体験

宇宙人のフリをした「人間」が、誘拐・拉致をして偽の宇宙体験をさせ、真の体験だと感じさせる。友好的なコンタクト・ガイドとの繋がりを忘れさせ、「宇宙人=怖い」という印象づけが目的である。研究対象として利用され、人工の宇宙船(半重力物体、地球船UFO)に乗せ、薬などで眠らせ、実際には起きていない体験をあたかも経験したかのように錯覚させるもの。マイラブを受けた本人にとっては強烈でリアルな体験として記憶されてしまう。

C「マイラブ(MILAB)」の最新版

2014年にオンライン配信サービスのGAIAテレビ「コズミック・ディスクロージャー」のシリーズに登場したコーリー・グッド氏(※)のように、

より高度のテクノロジーで記憶を操作するケース。「宇宙船に乗った」というだけではなく、「宇宙戦争に参加した」など、偽の情報を本人に埋め込み、捏造したファンタジーを信じ込ませる技術があるのです。

※コーリー・グッド……現在、自分の活動はほとんど行っていない。GAIA社との契約がトラブルで終了しても、テレビ番組で有名になったことを活用し、講演会活動などUFO業界で独立。しかし、信頼を失い沈んでいく自分の船を守るために、GAIAなど数々の批判者を訴えていくことに必死になった。コーリー氏のような強引な活動や証明できない怪しい体験には同意せず、厳しく警告を鳴らす研究者がスティーブン・グリア博士をはじめ徐々に増えた。多くのディスクロージャーの初心者は、先にGAIAのシリーズから入った人が多く、かなり振り回される結果となった。

これらの3パターンは、明らかにスピリチュアル的なETコンタクトではなく、恐怖心を通して人間を激しくコントロールするものです。私たちのアセンションをブロックするためアルコンたちが手を尽くしています。

4 リモート・ビューイングとリモート・インフルエンシング

「リモート・ビューイング（遠隔透視）」という技術があります。物理的に遠く離れた状況でも正確に霊視するなど、人間の超能力を軍事的に活用している機密プログラムの一つです。米CIAのスターゲート計画の中で、軍事的エスパー工作として1960年代から始まりました。しかし、現在では当初の軍事的目的から狙う対象が広がり、一般人の監視に利用されるようになっています。政治家や社会活動家の幹部たちなどもターゲットにされています。

日本のテレビに昔よく出ていたユリ・ゲラー氏も、CIA※やイスラエルの諜報機関モサドの工作員の仕事をしていた頃に念力を活用していました。

さらにその一歩先を行くのが、1980年代から開始された「リモート・インフルエンシング（遠隔影響）」です。これはさらに強力で、身体から抜け出した意識がターゲットのオーラ層に近づいて、視覚のみならず相手の思考まで読み取り、思考内容に影響を与えるものです。霊的にハラスメントによってターゲットの行動を変容させることが目的です。リモート・インフルエンシングは、攻撃を受けると首の後ろがチクッとしたりします。ライトボディの流れも変えてしまうので、免疫が落ちたり体調を崩しやすくなったりします。

※CIA（Central Intelligence Agency中央情報局）……外国での諜報を行うアメリカ合衆国の情報機関。中央情報局長

官によって統括され、アメリカ合衆国大統領直属の監督下にある。

※NSA（National Security Agency アメリカ国家安全保障局）……アメリカ国防総省の情報機関。

5 テクノロジー犯罪の被害者

「EMP兵器（Electromagnetic Pulse Weapon 兵器化された電磁波）」と呼ばれる装置がこの世には存在しています。機械を使って遠隔から恐怖心、怒り、ストレス、悲しみなどを本人に勝手に感じさせる兵器です。現代では、こうしたテクノロジーを駆使して人間の想念そのものを操作や誘導することまで可能となっているのです。人の体調を崩したり、精神へ作用させたりすることもできるのです。まるで神様の声を聞いているかのように錯覚させて精神障害で入院させることも、心臓発作を起こして命を絶つことさえできてしまいます。

ディスクロージャー活動の初期に起こった事件では、映画『シリウス』に登場したスティーブン・グリア博士と、彼の右腕であったシャーリーさん、彼らと共に活動をしていたアメリカの国会議員の重要な3名に皮膚がんが同時発生しました。それぞれが暮らしている場所に関係なく、実際に全く同じ病気が仕掛けられ、グリア博士以外の2名が亡くなってしまったのです。

また、電磁波を使用せずに四次元アストラル界を通過して人を攻撃するケースもあります。この電磁的なサイキックアタックに関連するのは、「テクノロジー犯罪」や「ラディオネクス※」と呼ばれる独特の分野です。アメリカではこれに対応できる専門の弁護士が増えてきており、裁判においても話題となっています。

原因不明な気分の変化や訳もわからず落ち込んでしまう時は、この攻撃が原因かもしれません。非常に巧妙に人の思考に入り込んでくるため、なかなか自分では判別することができません。しかし、高次元のエネルギーと繋がることができるようになれば、こうした害のあるエネルギーに対して敏感に察知することができるようになるのです。

以前、アダムス山でのＪＣＥＴＩツアーにおいて、ジェームズ・ギリランド（スピリチュアルセンター「ＥＣＥＴＩ」創始者）から見えない攻撃について聞く機会がありました。宇宙や人類の真実について深い活動を行っているＥＣＥＴＩは、闇の存在から常に標的にされているため、施設スタッフは衛星からの攻撃によってピンポイトで位置を特定され、眠れなくなったり、内部トラブルを起こしていく思考に乗っ取られたり、自分のものではない気持ちや感情に揺さぶられたりするといったことが発生していたそうです。その話を具体的に聞いたのち、私もその被害が明確にわかるようになっていきました。私の場合は、ＥＣＥＴＩを後にして隣の街へ移動する時に、突然「店でみんなが銃で撃たれてしまう！」「監視の視線を感じる……」など、普通ではないビジョンが見えたり、感覚が芽生えたりしたのです。

※ラディオネクス（ｒａｄｉｏｎｉｃｓ）
ターゲット人物の写真を装置（オルガンジェネレイター）の特定部分に置いてスイッチを入れると気のエネルギーが流れて、そのネガティブなタイム

ラインが実現する可能性が高まる電子的な黒魔術です。写真だけでなくイラストや文字だけでも可能なことも。

タイプ3　四次元低層存在やネガティブETからのマインドコントロール

オーバー・シャドウ現象

「オーバー・シャドウ現象」とは、端的に言ってしまえば憑依現象の一種です。浮遊霊や生き霊、動物霊などではなく、意図的なパラサイトを目的とした能力と知力の高いネガティブＥＴが人間に憑依することをいいます。

太古から現在に至る、四次元からの地球支配。アルコンはもともと人間の持っていた繊細さやサイキック能力を遺伝子操作によって遮断してしまいました。その支配体制を支える最も中核となる方法とは、「人間のマインドコントロール」です。その具体的な原理がこの「オーバー・シャドウ」。人間のエネルギーフィールドに無断で侵入し、自分の人生を舵取りしていると錯覚させたまま、感情や思考を外部から操作する極めて悪質な現象です。

つまりは、地球上に存在する全ての人が、霊的ハラスメントによる何かしらの被害を受けているのです。子供のいじめ、暴言やＤＶ、社内で起こるパワハラを含め、身の毛もよだつような惨劇を伴う犯罪も、四次元オーバー・シャドウによるものが非常に多いのです。オーバー・シャドウは自由意志を侵す宇宙犯罪であり、それを犯す彼らのことを決して許してはいけません。この問題の深刻さに気付いたら、本当の意味でライトウォリアーになったと言えるでしょう。

「オーバー・シャドウをやられた!」と思ったらすぐに宇宙の110番。私たちのガイドを呼んでください。同時に空間クリアリングをすると、さらにガイドたちがコンタクトしやすくなります。十二次元シールドやガイドのサポートを求めることで最も早く良い循環が生まれてきます。精神的にもどんどん軽くになって、心が丈夫になります。するとネガティブ存在たちにもアタックされなくなるのです。みなさん、よりアクティブ(活動的)なライトワーカーになりましょう。

アストラル・インプラント

グリア博士のディスクロージャー活動のおかげで、物理的にチップを埋め込む拉致事件の背後には、「軍事的アジェンダ」があることが明らかになりました。実際は人間によって行われたものだったわけです。

MILABは、「恐ろしい宇宙人が人間を誘拐し襲った」ように見せかけきましたが、実際は宇宙人ではなく人間の手によって物理的にチップが埋め込まれていたのです。のちに、拉致された方がテレビで何度も紹介され、研究者が皮膚からそのMILABによって埋め込まれたチップを取り出す手術を行っていました。

しかし、私の経験からわかることとは、軍の機密行為よりも圧倒的にネガティブETによる高度なインプラント・テクノロジーの方がずっと多いのです。

ネガティブＥＴが駆使するインプラントは非物質でありモノではありません。人間の霊体に装着するための「アストラル・インプラント」と呼んだ方がより正確です。

人間のオーラ層にアストラル装置を差しこみ、正常な気の流れを止めたり、歪曲したりします。さらにキリスト意識の波動をブロックし、真実の情報がわからなくよう混乱を引き起こすのです。人類にかけられているマインドコントロールの一部は、この技術を使用しています。アストラル・インプラントは、ＧＰＳ装置のように起動しているテクノロジーですから、アップデートを受け取り、リアルタイムにネガティブな情報を更新しています。

このように非物質のテクノロジーを用い、スターシードなどコントロールシステムにとって不都合な人たちに監視の道具を付け、人生を不自由なものにしてきました。オーラに対するインプラントであるため本人も気づくことはほとんどなく、霊能者やヒーラーのセッションでも見える人があまりいないため、問題の根本的な原因をキャッチできない状況が長年続いていたのです。結果として、単なる監視だけではなく心理的あるいはエネルギー的な領域が外部から一部支配されてきました。深い不安感やパニック障害などは、実際にこの目に見えないネガティブな影響で苦しんでいることが多いのです。アストラル・インプラントは、アセンションやスピリチュアルな成長と気づきに、スターシードたちが自然と繋がらないよう麻痺状態を促す恐ろしい道具なのです。

ハルマゲドン・ソフトウェア

惑星レベルのマインドコントロール工作の一つに「ハルマゲドン・ソフトウェア」と呼べばれているものがあります。これは、人間がサバイブすることへの恐怖心を強く刺激するもので、主に利用しているテーマは「地球の天変地異」「集団貧困」「経済の崩壊」などがあります。

意図的に作られた幻想で人を煽り、人類のＤＮＡレベルで共通しているトラウマ体験や集団滅亡の記憶を引き出し、現在のタイムラインに「実際には存在しない危機」があたかも「存在する」かのように意識を操作することで、集団的な錯覚を起こします。２００１年に起こった９１１のアメリカ同時多発テロ事件以来というもの、アルコンはハルマゲドン・ソフトウェアを頻繁に活用してきました。彼らは自然なアセンションのスピードを落としてブロックするために必死なのです。

２０１２年頃には、「ＥＬＥ／ＥｘｔｉｎｃｔｉｏｎＬｅｖｅｌＥｖｅｎｔ

（人類滅亡レベルの天変地異）」の危険性に関するでたらめな流言飛語も数多く出回りました。２０２０年に発生した新型コロナウィルスの世界的パンデミックも、ある意味ではハルマゲドン・ソフトに関連している側面が多々あるのです。

ソウル・バインディングと遺伝子操作からの解放

ソウル・バインディングという現象は、魂が前世または他の次元で、霊的な契約を結んでしまっていたり、かけられた呪いを受け継いでしまっていたりするものです。当然、現在の本人が自覚できることはほぼありません。今この時に生じている問題を一層ずつ解放し、古い契約やその妨害の元になっている関係を除去する作業が必要です。

特に大きな宇宙契約をもって地球に転生してくるスターシードは、子供の頃からアルコン（ネガティブＥＴ）に目をつけられやすいので注意が必要です。ライトボディが成長しないようにコントロールされ、自信をなくさせるようなことが頻繁に起きます。また、自分のカルマじゃないものまで背負わされてしまっているケースもあります。なかでも特に多いのは「アストラル契約」です。前世や今世の不要な霊的な繋がり、または過去の宗教的な人生との関わりによるものが多くあります。私たちが人生を終えて肉体を離れた時にはじめに入る領域である低層四次元で、アルコンに捉えられてしまうことがあるのです。

あるいは自分の過去生がアルコン系の存在だった関係もあります。例えば、ネガティブＥＴが拉致した女性とのハイブリッドなど、遺伝子レベルでアルコンとの血縁がある場合、過去世から様々な遺伝子操作をされて、創造次元からかけ離れてしまったのです。

しかしそうした不要な遺伝子的なボンドも、ガーディアンたちがクリアリングしてくれています。人生の不幸につながるような霊的契約を明らかにし、次々に外してくれますから、積極的にサポートを依頼してください。

あくまで現状を公正に知るために

本書では驚いてしまう話がどんどん出てくると思います。しかし、どんな聞き難い概念や初めて耳にするものであっても、敢えてお伝えしています。無防備な状態から事実を知ることで、自分の身を守ることができるからです。恐怖心を煽るような目的はありません。ましてやアルコンのエネルギーをサポートするものではないのです。

ですから、この本の使い方は、自分に響く部分だけを受け取って、残りはスルーしても大丈夫です。時間が経って、読み直すと全く新しい気づきがたくさん待っていることもあるはずです。

闇のマクロの癒しと壊滅ワーク

人類の歴史を振り返ると、何千年も前から秘密結社は人の心を操作する狡猾なメンタリズムや洗脳学を駆使し、悪用を続けてきました。これはまさに許し難い究極の「プレデター・マインド」です。

これからの時代はもう攻撃されるがままではいけないのです。とはいえ、真っ向から戦うのではなく、この仕組みから抜け出すことが求められます。大事なスタンスはひふみ神示的に言えば、「闇は愛で包んで消える」というものです。決して「闇は無視すれば消える、切り離すことができる」というわけではないのです。ガイドたちのサポートは常に入っていますから、この洗脳の仕組みから抜け出せば、本当の自由を味わうことできるでしょう。

現在はアセンションが順調に進み、アルコンによる妨害がかなり減ってきているのは紛れもない事実です。ようやくこういった情報を多くの人たちとシェアできるタイミングになりました。

Exercise 3
親子十二次元シールド

今までのシールドの作り方と同じですが、親が子供を中に入れるイメージをすることが新しいポイントです。ガイドたちが言うには、高校生くらいになるまでは両親がエネルギー体の保護者でもあるため、代理人として子供と宇宙を繋いで守る役割があります。二人で立つ形、または別の場所であってもイメージで一緒にシールドに入ることができるエクササイズです。

さあ、瞑想の準備をしましょう。
あなたと宇宙の繋がりを感じてください。

プラチナの六芒星（または銀色に光り輝く火花）が、あなたの脳の中心にあるのを想像しましょう。その六芒星を自分の意識で身体の中心へと下ろしていきます。六芒星が身体の各チャクラを通過していき、両足の間から解放されていくのをイメージしましょう。あなたの六芒星を、地球の中心にある巨大な六芒星「アーススター」に送ります。自分の星とアーススターとが繋がる時、無条件の愛と宇宙全体のワンネスを感じましょう。

地球の中心からプラチナ色の光が上昇し、あなたの全身を満たしていきます。

十分に満ち足りると、地球の中心にあったあなたの六芒星がようやく自分の元に戻ってきます。

今度はその六芒星を足の下 20センチのところで止めましょう。

あなたが足元の六芒星に集中していると、反時計回りに回転しながら加速して行きます。銀色に輝くプラチナの光の土台ができあがります。これが、あなたの「十二次元シールド」です。ここからはお子さんが一緒に入っているイメージもしていきましょう。

この十二次元シールドの光が強くなるにつれて、プラチナ色の光があなたたち親子を包み込み、光の柱を作りながら上昇しはじめます。その光の柱が、頭上 1.5メートルのところに到達するまで上昇させていきましょう。親子ともに全身が十二次元の光に包まれていきます。親子の全身の細胞から淡いプラチナレイが放たれているのを感じましょう。

あなたの六芒星が頭上 1.5メートルのところに到達すると、それは再び回転をはじめ、光の柱の頂上に新たなシールドを張っていきます。頭上からつま先まで、あなた方親子の全身が十二次元のプラチナシールドに包まれているのを感じましょう。

頭上にある六芒星に意識を集中すると、十二次元シールドを多次元的にグラウンディングしていくことができます。そして、シールドの天井から天の川銀河の中核（もしくはアンドロメダ銀河の中核）に向けてシルバーコードで繋がっている自分の六芒星を発信していきます。あなたの六芒星が高速で地球から離れ、宇宙空間へ飛んでいくのをイメージしましょう。銀河の中核とのつながりを意識しながら、ガイドたちが目的地までスムーズに届けてくれるサポートに身を委ねます。

自分が光の柱に守られているのを感じながら次の言葉を唱えていきます。

ありがとう、宇宙の根源。
ありがとう、アセンションガイドたち。
私はユニティ。
私はワンネスそのもの。
私は愛によって作られた存在です。

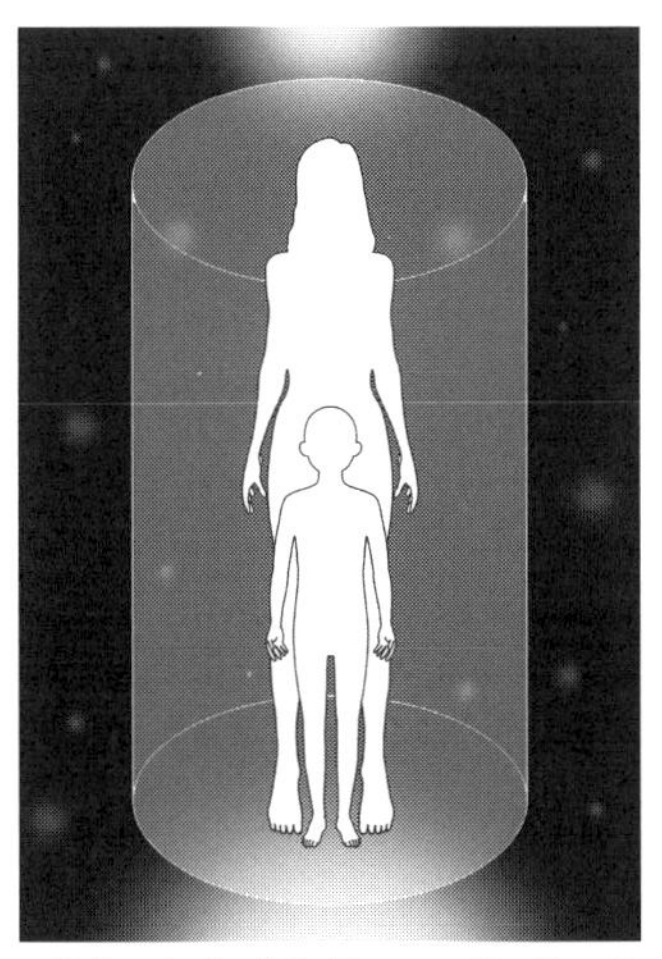

リサ・レネイの Energetic Synthesis教材より提供
(Creative Commons使用許可)

Chapter

7

高次元レベルの解放：クリアリング学

高次元クリアリング1　空間のクリアリング

これまでの宇宙と関わる活動の中で、強烈なインパクトを受けたものがあります。それは、空間をクリアリングすることの価値と影響の大きさです。地球上で生まれてから私たちは常に外部の空間と接触しています。そんなことは当たり前すぎて、普段の生活では意識することさえありません。しかし、宇宙存在とコンタクトをとることによって精妙で微細なエネルギーを感知できるようになっていきます。それによって日常を捉える感覚も繊細になり、今まではまるで気づかなかったことを捉えられるようになるのです。

リキッド・ソウル・アクティベーションを起動する前に、様々な外的エネルギーの管理ができるようになると、とてもスムーズに行うことができます。

『オズの魔法使い』のように、本当のクリアさを一度体験すると、それまでモノクロだった世界がフルカラーに見えるほどの感覚の革命が起きます。

ところで、空間クリアリングでいったい何を浄化するのでしょうか。何が汚れなのでしょうか。マクロスケールで考えると、この地球が憑依や洗脳、他人の領域への侵入などが蔓延している空間であることを認める必要があります。三次元空間の汚れが、アセンションの最大のブロックだとも言えます。

空間クリアリングと内面クリアリング

不要なエネルギーのクリアリング活動は、「空間クリアリング」と「内面クリアリング」の二種類のアプローチで行います。どちらも目には見えないものを浄化するものですが、内面クリアリングの方がより時間が必要になります。空間クリアリングを実践すれば、必然的に内面クリアリングに集中できるようになるため、まずは前者から始めるのがよいでしょう。

空間クリアリングによって、無意識下で自らの人生の全てに影響を与えてきた負担や操作から卒業していくことができます。私たちに常に大きな害をもたらす四次元アストラル界からの「負（マイナス）のエネルギージャングル」を浄化し、整えていきます。実際に気づいていなくても、毎日あなたはその目で見えないマイナスの影響を受けています。どのような空間に負のエネルギージャングルが存在しているのかと言えば、電車やバスの車内、ショップや映画館、ホテルなどの宿泊施設、市役所や公民館などの公共施設、そしてイベント会場からサークルやコミュニティなど様々です。つまりは、「空間」と呼べるあらゆる場所に存在し、無断で私たちの人生に侵入しているのです。

内面クリアリングは心理的な側面と体内エネルギー調整という側面があります。さらには、内面的な男性性と女性性のバランスや右脳と左脳のバランスなど、自分自身の全体的な調和も司ります。人間の電磁気生命フィールドが正常に働くよう、ニュートラルな状態を取り戻すことがその主たる目的なのです。クリアで安定した状態になると、おのずと社会に役立つことをしていくようになります。高次元の意識が開かれ、最終的には周囲の人たちにもあなたの良い影響が広がっていくことでしょう。

「私にクリアリングは必要かな？　それは大袈裟かな？」と思うこともあるかもしれませんが、波動の世界では目に見えないちょっとしたストレスがライトボディの大きな負担となります。スマートフォンをはじめ、電磁波がもたらす悪影響だけでも実際には皆さんが考えている以上の被害があるのです。

ありがたいことに私たちが意図すれば、高次元のガイドたちのサポートは空間にも内面にもアクセスが可能です。高次元クリアリングを体験すると、思考や神経の働きが驚くほど鮮明になり、「今までの状態はなんだったのだろう」と感じるはずです。

外部空間から侵入する力のメカニズム

ＥＴコンタクトやアセンション学の世界と本格的に向き合っていくと、遅かれ早かれ目には見えない闇の影響や攻撃である「スピリチュアル・アタック」を認識し、向き合わざるを得なくなります。しかし、たとえ認識したとしても、それを率直に口に出すことは難しく、とりわけ「愛と光」だけにフォーカスしたがるスピリチュアル界のメインストリームではタブー視されているのも事実です。多くの霊能者は、スピリチュアル・アタックのことを知ってはいても、自ら積極的に語ることは滅多にありません。

スピリチュアル・アタックというのは、呪術や秘密結社による悪魔主義の儀式など霊的な範囲にとどまるものではありません。軍事産業などテクノロジーを使ったものも存在しています。それらに加えて、生きている人間からの攻撃もあるのです。残念ながら、これは無視したとしても影響が消失するものではありません。スターシードたちは眠っている地球の人々を目覚めさせる役割があるため、それに反対する勢力による直撃を受けてしまうのは当然なことです。そのためライトワーカーはしっかり対応する心の準備が必要です。「自分には関係ない」と思い込むことや、「知らないし見たくない」と真実を直視することを拒否するような反応は、かえって危なく完全に無防備な状態になってしまうだけなのです。

本書においては、論理の光で今まで影に隠れていた世界の正体を暴き、不要な恐怖心や背後にある無知を統合して変容させることも目的としています。

英語圏におけるアセンションにまつわるトピックとして「Superimpositional Forces」と呼ばれているものがあります。Superは〝上から〟という意味で、imposeは〝載せる〟という意味です。日本語翻訳は、かつては単に「スーパー」とだけ呼ばれていました。それは映像の上に重ね合わせている状態を示しています。つまり、四次元からの影響が三次元の空間に重なって動くメカニズムを表すのにとてもフィットしています。

四次元からの影響には、人類の本来の意識やエネルギーフィールドだけでなく、パターンや強度も様々です。それら全てに共通しているのは、目では見えない次元から攻撃を向けられると、自分を防衛するフィルターが何一つ無いままその影響を１００％受けてしまいます。私たちの意識や感情、または思考に霊的次元から侵入してくる現象なのです。人のエネルギーフィールドに乗り移ることによって、外部空間からの影響がひっそりと自分の中で大きくなっていくことが多々あります。

自分自身のクリアさを失っている状態に陥ると、一瞬にして負のエネルギーに振り回わされてしまいます。電車やバスの座席で近くに座っている人の怒りやストレスなどが、ふっと自分のライトボディに入ってしまうこともあります。ですから、これからアクティベートしていくスターシードの皆さんには、自分のエネルギー状態を1日のうち何度もモニタリングしては確認する習慣を身につけていただきたいのです。

私たちはこの異次元間的なエネルギーセットによる被害を受けて、外部空間に仕掛けられた影響を吸収して自分のものにしてしまう〝エンパス的同調現象〟がしばしば起こります。そのため、自分の意図とは関係なく、自動的に状態が悪化してしまうことが多々あるのです。一番大きな問題は、マイナスのエネルギーを受けている本人は自覚するチャンスがなく、それに同意していないにも関わらず、不本意な影響を受け続けてしまうことにあります。また、瞬時にその人の態度や人格がまるで別人のように変転することもあり、意識と感情がハイジャックされた状態でその霊体の言いなりになっていきます。

これが原因で生じるストレスやトラウマや混乱が、地球の現状を作っているという恐ろしい事実を受け入れて対応する必要があります。もし、明日この外部からの侵入が突然消滅したら、それだけアセンションが起こると断言できるくらいです。皆さんは、必ず人生のどこかでこのハイジャック現象を体験しています（これから体験する人もいるでしょう）。クリアリングを行わずにいると、家族や友達、パートナーや同僚などが突然ジキル博士からハイド氏に変身してしまうことがあるのです。しかし、新しい知識を吸収してノウハウを身に着けることができれば、いつでもどこでもその外部からの存在を処理できるようになるので安心してください。そのためには、本書で紹介している十二次元シールドのエクササイズ（↓P213）がもたらす役割がますます重要になります。

自分の中にある弱さが外から刺激される「トリガー」になる

「トリガー」とは銃の引き金にあたる部分のことですが、ここでは「自分を爆発させるボタン」を意味しています。闇の存在は、私たちの中にある怒りや混乱のエネルギーが噴き出るようなポイントを意図的にトリガーしてくるのです。その結果として、感情のバランスが一気に崩れ、自分の意識を支配されてしまいます。ネガティブな存在にとっては最も便利なマインドコントロールの常套手段であり、エネルギーを奪うために故意に行っているのです。だからこそ、セルフマスタリーのスキルを身につけ、トリガーの影響を受けないようになることが大切です。

これに対処するための手段として、私は「手放し宣言」の動画をＹｏｕＴｕｂｅに投稿しました。

たとえば、政治や宗教の話題など人間が感情的になりやすい話題は、特に「トリガー」されやすいのです。２０２０年のアメリカ大統領選挙はその究極のものであり、世界中の多くの方がトリガーされ、感情的に分断が起きるように巻き込まれ、社会現象となりました。自分の内面の解放を始める前に、こういった外部の影響をクリアにできると、本来の解放のプロセスはかなり楽に進行していきます。

なかなか受け入れ難いとは思いますが、最終的に受け止めないといけないのは、ある種のアストラル存在が意図的にこの問題を起こし、現実を動かしているということです。それは個人的な攻撃ではなく、「生きている人間の「ルーシュ（生命エネルギー）」を吸い取ること」だけが目的なのです。これでは『ホログラム・マインドー』で紹介していた「パラサイト行為」に繋がる、より深いレベルの問題です。ある意味でこれは霊的なパワハラであると言えるでしょう。

エネルギーの世界では、それまで晴れていた空が一瞬にして雨風の嵐に変化するなど、わずか一瞬で本来のエネルギー状態を崩してしまいます。ですから、定期的に自身のエネルギーを確認する習慣を作り、エネルギー状態を把握していきましょう。

自分がいる空間を仕切る「スペースコマンド」

ライトワーカーには、自分の使用する空間を整える役割もあります。意識せずともクリーナーとして存在し、エネルギー世界のことが一切わからない他の人たちともその良い影響は共有されています。私たちが毎日出入りしている駅や会社、学校などの公的な場所には、これまでも数々のネガティブ存在たちがその空間に便乗し、非物質次元から好き勝手にパラサイトの仕組みを作ってきました。現在では、とりわけスピリチュアルな活動において、講演会やイベント会場など、その空間をコントロールしたがる派閥も現れています。そのため日常の「空間そのもの」の悪影響によってアセンションが進まなかったという側面もあるのです。現在は、地球の自由を取り戻す活動の中で、このクリーニングも進行していますが、それでも自分の力で自らのスペースを守っていく術は必要となります。

自分がいる空間を仕切るスキルについては、「スペースコマンド」と呼ばれています。外部からの操作を受けないように自分のエネルギー場を管理する必要があるのです。これはある意味で毎日歯を磨くことと同じで、衛生的にエネルギー場のメンテナンスを行い続けることが大事になるということ。〝自分のスペースを仕切る〟とは他人や外部空間のエネルギーの影響を避けるという意味です。多くの人が出入りする場所に便乗したパラサイト行為は、そもそも宇宙法則からも外れたものです。侵入を自ら阻止するスペースコマンドは、自分の領域を自衛するための宇宙的なセルフマスタリーです。大きな流れの中で宇宙の法則に従って生きる存在が必ず有利になりますから、自信を持って空間を仕切っていきましょう（『ホログラム・マインドⅠ』のP197で紹介している「空間クリアリング瞑想のエクササイズ」の実践をおすすめします）

自分のセンターにグラウンディングする

この地球の次元で唯一コントロールできるのは、自分のエネルギー場だけです。自分のセンターに気づき、それをいかに強くしていくかがアセンションにも深く関わります。この中心軸を保ちさえすればあなたの人生は楽に流れていくでしょう。宇宙法則の一つに、「真っ先に自分のエネルギーを管理する」というものがあります。自分自身の純粋なエネルギーをクリアに保つことこそが、エネルギーマスタリーの一番大きなピースと言えるほど大切なものなのです。

宇宙のエネルギーを取り入れて自ら体現していくインセンションに努めることで、他人のエネルギーを吸収してしまうエンパス体質であっても、ブレのない中心軸のバランスを取れるようになっていきます。私たちは、無防備な状態で他人の問題を次から次へと背負う余裕など、当然あるはずはないのです。

私たちが不要なエネルギーに気づくことができない原因の一つに、生まれた時からずっと外部のエネルギーを吸収して育ったことで、すっかり馴染んでしまっているという点が挙げられます。しかし、ETコンタクトの直後など、宇宙レベルのクリアさを体験すると、本来の純粋な自分のエネルギーが一番心地良いことにすぐに気づくでしょう。日本人の場合は共感力が強い人が多く、そのため家族との境界線が成人になっても曖昧なままになっているケースがしばしば見受けられます。本来は、お互いにエネルギー的に自立する方が心地良いものなのです。

さらに自身の内面と合わせて、自分がいる環境のクリアリングも同様に大切です。睡眠や瞑想、コンタクトの際にも場のクリアリングが自分の中心軸へのグラウンディングにつながる架け橋となります。十二次元シールドの練習をするとこの軸を容易に作りやすくなるのです。

インプラントの取り外し

「宇宙人」という単語からは、体が小さく大きな目をしたグレイ系のイメージや、人間を勝手に操作する〝不気味な存在〟〝手強い相手〟といった不穏な情報がいまだに基本となっています。しかし、友好的なCE－5コンタクト活動や本来のアセンション展開の中で、ようやくこのような低レベルのETコンタクトの流れが変わってきたことは間違いありません。インプラントを無理矢理付けるような行動を起こす宇宙存在は、実際には少数派です。さらに、私たちにとって彼らは恐れるべき相手ではなく、むしろネガティブな行為をする存在こそ、「人間本来の可能性」と「スピリチュアルなETコンタクトの実現」を恐れているのだということを知ってください。

そして、嬉しいことにガーディアンETたちは、低レベルのET存在の不正行為を見つけ次第、すぐに取り除くよう努めてくれています。必要なサポートを行うスタンバイを常にしているのです。人間の無意識領域への侵入や妨害そのものが「宇宙犯罪」であるため、その犯罪を取り除くサポートを自動的に享受することは、私たちの権利でもあるのです。

私自身の体験では、高次のガイドによってエネルギー体からインプラントが取り外された感覚はとても不思議なもので、とてもクリアになっていることをすぐに実感することができました。首筋に入れられていたものが取り外された時の感覚は今でも忘れられません。

自分自身のクリアリングをはじめ、私も数多くの個人セッションでこのアストラル・インプラントの除去行為を実践してきました。もちろんガーディアンたちもエネルギークリアリングやセッションやワークによる解放を実践してくれていますが、それ以外にも自分で即座に解除する方法があるのです。それは、勝手に埋め込まれたインプラントごと「自分の体に入っている全てのものは自分自身のものである」と宣言をするのです。〝こんな宣言が必要？〟と意外に思うかもしれませんが、宣言によってホメオパシー的にその意識が働き、瞬時に外部からのコントロールを無害化することができるというわけです。これは、現在摂取が進んでいる新型コロナウィルスのワクチンに入っているマイナスの化学物質についても同じことが言えます。

内面クリアリング：シャドウワーク

「シャドウワーク」とは、魂を磨き自分を磨く核となるもので、内面クリアリングの中で一番大切なワークです。自分の一番嫌なところを観察し、ガイドたちにそれらを自分が受け入れ解消するためのサポートをお願いするものです。トラウマやマイナスの思考パターンや止められない癖など、目を背けたくなるような自分の一面というのは誰しもあるでしょう。しかし、これらは個人の問題というわけではなく、実はご先祖さまの存在や前世から大きく影響を受けている現象なのです。さらに一筋縄では解消できない宇宙レベルの問題というのも多くあります。そのため、ガイドたちのサポートとともにいち早くシャドウワークを始め、宇宙レベルのスピリチュアルな本来の道を歩みましょう。何があっても自分を受け止めてあげる。冷静に状況を観察して、その状況に感謝して、感情を味わい、そして手放す。そして次のステージに行く。これがシャドウワークの基本的な流れです。

一般的な心理カウンセリングでは、過去の記憶を引き出さなければならないため、辛くて、時間もかかります。それに比べてETガイドによる癒しでは、エネルギーのパターンを速やかに変容することができます。例えば、植物由来の覚せい剤を使用するアマゾンの「アヤワスカの儀式」もシャドウワークの一種であり、世界中の人が興味本位も含め、この癒しの体験を求めて南米を訪問しています。

ところが、そのワークを司るシャーマンが儀式の場をしっかりと整える修行をしていない場合、邪悪な異次元の扉が開いてしまい、ネガティブな意識体が参加者に襲いかかるのです。スピリチュアル体験の浅い人たちは、自分のライトボディを全く調整できないため、その意識体に憑依されたりコントロールを受けたりして非常に危険なのです。そうなってしまうと、ヒーリングや神秘的な体験を求めたにも関わらず、以前よりも感覚が鈍くなってしまうなどネガティブな結果に終わってしまいます。

インナーチャイルドの癒し

シャドウワークの中で代表的なものは、「インナーチャイルドの癒し」です。お母さんのお腹にいた頃や赤ちゃんの頃のトラウマに対する癒しのこと。妊娠中の母親の感情や、その時の食生活がダイレクトに子供に流れ込んでくるため、特に根強いものがあります。そうやって生まれる前から私たちはトラウマを抱え、大人になってもずっとそれに悩まされている人が多いです。自分の人格が形成される前から、トラウマに様々な影響を受け続けているのです。さらに、出生時に起こるバース・トラウマも自分の中の一部になってしまいます。

ライトボディ・アクティベーションのワークでは、トラウマや、これまで受け続けてきた家庭や学校で染み付いたネガティブの心理パターンを最初に取り除くことからはじめます。まるでＯＳをアップデートするように、神経回路を支配しているトラウマや古い思考パターンを手放していくと、驚くほど気持ちのよい感覚になって、楽に生きられるようになってきます。この最初のステップを経て、さらなる深い探求を続けていくことで、闇の存在たちが侵入する隙間もなくなっていくのです。自分の身体がロッククライミングの壁であり、闇の存在がそれを登るクライマーだとしたら、彼らがつかんでホールドする場所がなくなるくらい、自分のライトボディを磨いていきましょう！

Exercise 4
タイムライン・ジャンプ

　このワークは大変パワフルなものです。「タイムライン・ジャンプ」は、まさにアセンションの波に乗っていくために使用するエクササイズです。これを使用できるようになれば、自分にとって一番ふさわしい流れへと意図的に乗り換えることができるのです。実現力の一部でもあり、ET ガイドとの明確なコラボレーションにもなります。

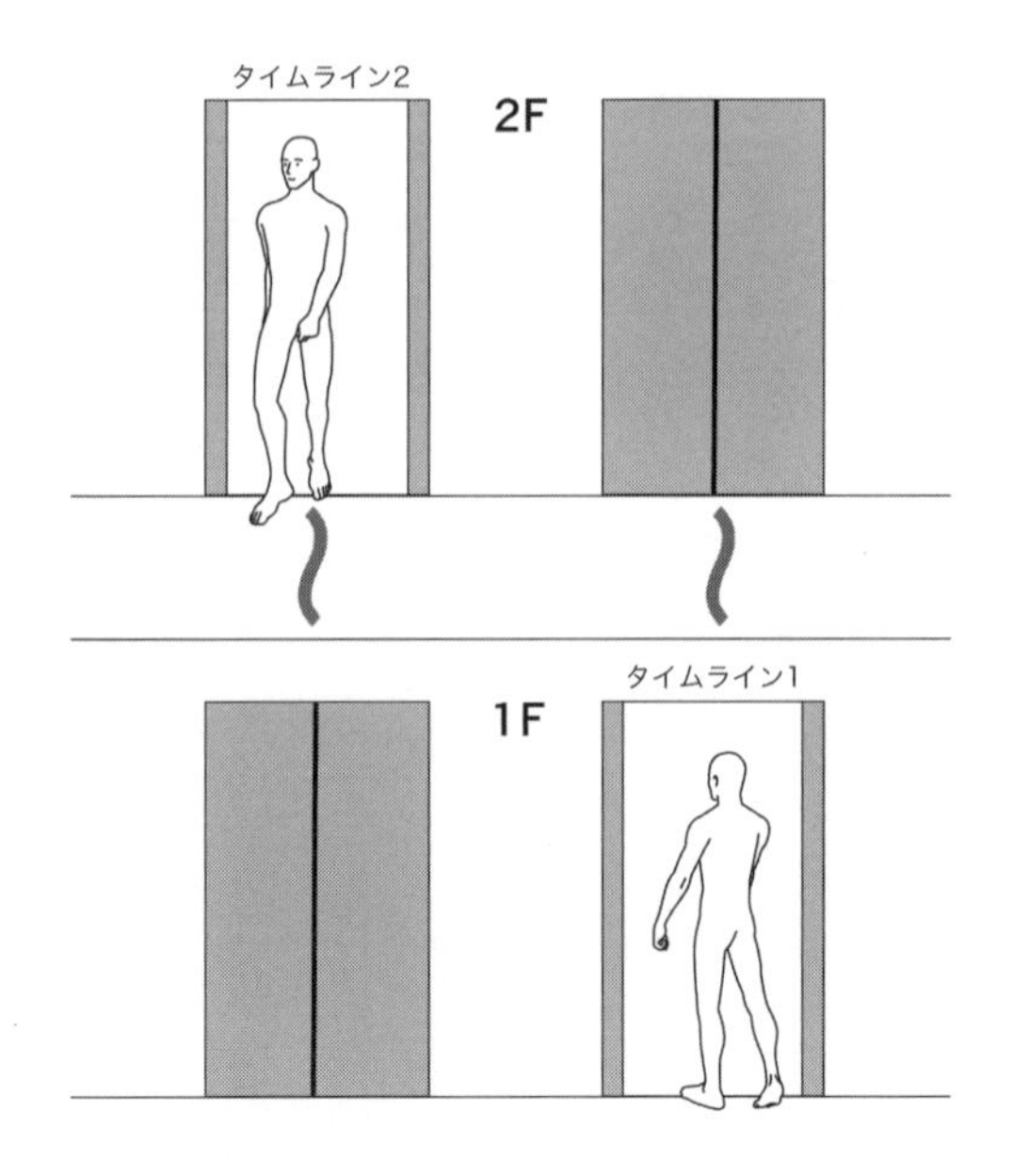

ステップ1

・私は地球の内部のクリスタルグリッドと繋がります。

ステップ2

・私は多次元的に天の川銀河の中心と繋がります。

ステップ3

・私は自分にとって一番ふさわしいタイムラインと同調し、そこに乗り込みます。

ステップ4

・私は自分にとって、二次的なタイムラインを手放します。

ステップ5

・私は自分にとって、三次的なタイムラインを手放します。

Youtubeチャネル：Katie Indicrowより

Chapter 8

スターファミリーとの再会

ソウルファミリーとスターファミリー

「ソウルファミリー」とは、この地球上で人間として生きている際に関係が深い人たちのことです。人生の様々なタイミングで自然に再会する体験が多くあり、それは往々にしてお互いに約束していたことから生じます。そして「スターファミリー」とは、高次元世界からサポートしてくれている存在たちのこと。インセンションでは、自分自身のスターファミリーが、ライトボディなどのアクティベーションをサポートしてくれます。彼らとのつながりを感じられるようになれば、日常生活における孤独感さえも消失していきます。この章では、それぞれの関係性についてご紹介します。

私たちは地球上クルー

まずは、私たちは三次元に存在する地球上のクルーであることを認識するところからはじめましょう。スターファミリーとの再会は喜ばしいことですが、再会の先には、高次元エネルギーを体現する架け橋になるという任務があります。これがコンタクトの真の目的です。

光を受け取り保持することを「ライト・アクリシャン」と言います。ライトボディがクリアになっていくほど光を受け取る器が大きくなり、光をキープしやすくなります。マインドコントロールや固定観念などに支配された状態から、一つずつブロックを外していく作業が自然に進んでいきます。この最初のステップこそ「思考停止」、つまり瞑想に他なりません。現代は、思考を停止させることができていない人が多いので、外部の世界をシャットアウトしてニュートラルになる時間を意識的に作っていくことが重要になります。

起床後すぐ、そして就寝前の時間は魂のプログラムを変えやすいので、この時間帯にクリアな状態を作ることが大切になってくるのです。

ガイドとチーム

ありがたいことに、一人ひとりのスターシードには数多くの存在がサポートしてくれています。これからは、その存在をただ信じるだけではなく、実際に彼らの手助けに意図的にアクセスすることが可能であることに気づけるようになる必要があります。

仕事、人間関係、家族、宇宙的なミッションなど、それぞれの分野に担当しているスペシャリストのガイドがいます。よく聞かれることは「ガイドが忙しいから、お願いしたら悪いんじゃない?」という心配や遠慮です。自分のガイドたちに依頼をするのは迷惑行為ではありません! 実はあなた専用のチームが常にサポートするためにスタンバイしています。どんどんその手助けを求めていきましょう！ 今生でたくさんの幸せを実現し、宇宙ファミリーとの共同創造を可能な限り楽しみましょう。

ETガイドと再会する目的について

ガイドたちとの再会は、遊びのような感覚でアプローチするのがお勧めです。これはコラボレーションの共同創造のプロセスです。

宇宙ファミリーからのサポートは主に2つのタイプがあります。1つ目は、三次元の世界でのサポートで、欲しいものや新しい仕事、パートナーなど日常生活のことを実現していくものです。2つ目は、最も認識して欲しい重要なサポートで、高次元との関係を強めるためのものです。たとえば遺伝子レベルのアップデートや高い波動を保つためのライトボディの調整など、よりスピリチュアル的な側面があります。これは個人の魂レベルを遥かに越えていく、地球の未来生に影響を与える壮大なミッションの一部なのです。私の場合は、「CE5-コンタクト」がきっかけとなり、最初は宇宙船の出現を通して、高次元の存在のリアリティを実感していきます。コンタクトの経験を継続していくと、次第にUFOの飛来以外にも不可視の領域での交流、たとえばヒーリングや浄化のサポートなどが数多くあることに気づきます。彼らは私たち一人ひとりを丁寧に見守ってくれているのです。

地球上で生活をしている間は、気をそらす多くの誘惑があり、本来の宇宙的なミッションを見落としやすいのです。地球人としての暮らしの中で、スターシードたちが宇宙ファミリーとリコネクトし、本来の感覚を取り戻していくことが、アセンション的な成長の大きなファクターです。

このガイドたちは「ぼんやりした宇宙存在」ではなく、あなたが生まれる前からサポートをし続けているグループです。多くの高次元ガイドとの接触は、「はじめまして」よりも「お久しぶり！」と声をかけるべき、ずっと昔から付き合いをしている人たちなのです。

スターシードの高次元DNAのアクティベーション

スターシードたちは、地球にやって来る前に、自分独自のミッションの大まかな計画を仕上げてから生まれてきます。それを成し遂げる際には常にスターファミリーからのサポートがあります。エネルギーの微調整、タイムラインの調整など、三次元空間へ大切なメッセージや刺激を送ってくれています。長期的で最も深いサポートは、スターシード特有の遺伝子情報を起動することです。ＤＮＡアクティベーションは断続的に起きるもので、その変化は本人だけではなく周囲にいる家族や他人の波動も上昇させる効果があります。

周りの人々の目覚めを手伝うようになる

スターシードたちが見えない宇宙のサポーターたちとの交流に慣れてくると、他の人の役に立つような出番が、驚くようなタイミングで現れてきます。また、高次元の視点を持つことで、これまでの経験が新たな角度から理解することができるようになり、宇宙からのサポートへの信頼が厚くなります。そうなると、どんなことがあっても、安心した自分でいることができて、そのあと対峙するあらゆる経験に対して楽しんで対応することができるようになります。

自分から宇宙ファミリーにコンタクトする努力が必要

宇宙ファミリーとコミュニケーションを取るためには、知っておくべき必要な条件があります。それは、私たち人間からサポートを依頼することです。これについて、最初は難しく感じる方がいると思いますが、自由に遊び感覚で取り組んでいくことで、コンタクトするチャンネルが開かれていきます。

私自身の宇宙的な感覚や確信は、この繰り返しの賜物なのです。それを継続していくことで、少しずつ目で見えない世界とのやりとりが上達していき、最終的にはその宇宙次元と地球次元の間にある感覚の壁は無くなっていきます。そして、その壁は実際に は存在してなかったことが分かってくるのです。

しかし、ETガイドたちは人間の自由意志を尊重しているため、サポートを受けたい本人が、ガイドからのアプローチを許可する必要があるのです。ぜひ次の宣言を使用して、いち早くコミュニケーションを始めてみてください。

ドリーム・コンタクト

寝ている間のあらゆる交流は、無意識の領域に記録されています。その中でも、私たちが寝ている間にETガイドや宇宙ファミリー、他のスターシードの仲間たちと四次元レベルで合流し、会議をしたりエネルギー調整を受けたりすることを、「ドリーム・コンタクト」と呼ばれています。夢の中で宇宙存在たちと交流した経験が、三次元で体験するETコンタクトの準備となり、実際に宇宙船やETに出会うこと対する恐怖心が生じにくくなるのです。大怪我や大病を避けるといったこの先に生じるタイムラインを修正したり、人生プランの微調整なども行われたりしています。

スターファミリーたちの主な活動は、コーザル次元（五次元から上の世界）から、人間が体験しているタイムラインを調整し、私たちが生まれてくる前に約束した人生のタイムラインを歩んでいけるようにサポートすることです。

意識的な目覚めの準備が進むと、次はライトボディのアクティベーションが進み始めます。そうなると意識的なコラボレーションができるようになっていきます。積極的に波に乗っていけるようになれば、どんどんスピードが加速していきます。これこそが新時代のアセンションサポートです。

毎日寝る前にドリーム・コンタクトを通じて「ガイドたちと繋がりたい」と意識してください。ドリーム・コンタクトの中で、懐かしい風景や今まで自分の一部だと感じていた存在が近くに現れるかもしれません。ドリーム・コンタクトを継続していくと、夜の星空の中で明らかに人工物とは違うETの宇宙船と遭遇することが増え、様々な合図を送ってくれていることに気づきやすくなっていきます。

サインとシンクロニシティの世界

宇宙ファミリーからのサインをキャッチするのは、最も楽しいコンタクトかもしれません。三次元は生きているホログラムですので、小さい自分という存在に大きな宇宙からのメッセージが直接届いていることを体験すると、感動的ですらあります。皆さんは子供の頃に持っていた感覚を取り戻すだけです。普段あまり意識を注がないところに注意を向けるようになると、驚くほどのコミュニケーションがスタートします。ETとのコミュニケーションは専門的な分野では「非言語コミュニケーション」と呼ばれてます。ETコンタクトはある意味で、子供や動物との話し合いに似ているところが多いからかもしれません。

彼らのコーザル界からの手助けはまるで魔法のように見えるでしょう。必ず覚えておいてほしい原理は、三次元で起こっている全てのことは、高次元ではすでに決まっていてプログラミングされているということです。そのプログラムに直接影響を与えることができる異次元的な仲間たちとは、異次元的なホログラムを用いて楽しいやりとりができるようになるのです。

サインとシンクロニシティを起こす方法

新しい言語を習得することが難しいように、高次元からのサインやシンクロニシティを読み取れるようになるのも、最初はなかなか難しいものです。しかし、スターファミリーたちは本当に様々なサインを私たちに送ってくれているのです。

これらをキャッチするためには、まずは「1 思考停止の状態になること」、そして「2 サインを依頼すること」というステップが必要になります。

スターファミリーはいつもスタンバイしていて、私たちの依頼を心待ちにしています。例えば「この24時間のうちに少なくとも5回、サインを私に見せてください」という具合に宣言してみましょう。サインとシンクロなど、あなたの意図を受け取っているという反応が必ず現れます。こうした宇宙的なキャッチボールは実に素晴らしいものです。

Chapter 9

リキッド・ソウル・アクティベーション２

この章では、より深い概念とアセンション関連の現象を紹介していきます。初めて目にするキーワードが多いかもしれませんが、人生のどこかで読者の皆さんは体験している可能性が高いものばかりです。

ガーディアン種族たちは、大きな約束をしてこの地球次元を守るミッションを遂行しています。これは聖なる条約「エメラルド・コベナント」と呼ばれています。その目的はただ一つ、「人類から奪われた宝を取り戻し、天使人類本来の姿を実現すること」です。地球の不正なタイムラインを修正し、人類の全てのポテンシャルを実現するプロジェクトを完成するためにサポートしています。

インセンション2 瞑想だけでは足りない

アメリカでは十年以上前から、マインドフルネスの一環として「瞑想」は一般企業でも取り入れられるようになり、社会的に認知されたことでタブー視されるものではなくなりました。普段気付かずにかけられてしまっているマインドコントロールから自分を解放する方法の一つであり、スピリチュアルの初心者にとってはよい効果をもたらしてくれるかもしれません。

しかし、瞑想は良い意味でも悪い意味でも〝思考停止〟に他ならないのです。心や体を落ち着かせる働きはありますが、それはあくまでも入り口でしかない。「空」の体験などがあるかもしれませんが、瞑想だけでは決してアセンション的な成長のゴールに辿り着くことができません。定期的によく話題にあがる「世界同時発瞑想」も、集団意識に働きかける効果が人によってはあるのですが、永続的な変化につながるものではありません。そこでは進化の無いループが生まれています。

そもそも「覚醒」や「瞑想」は、頭の中で起きることのように誤解されています。しかし、本当の高次元へのアセンションは、肉体やエネルギーボディ全身で体験するものなのです。最終的にライトワーカーが実現すべき状態は自分という存在全体の覚醒。これを私は「トータルボディ覚醒」と呼んでいます。エネルギーを受ける場所は第3の目やハートチャクラだけだと漠然と思っている人もいるのですが、本当はオーラ層全体が開花できるアンテナのようなレセプターです。あらゆる方向からエネルギーを受け取り、ライトボディ全体が起動している状態こそが本来の覚醒なのです。

実際に高次元空間に存在している地球外文明はこの状態で生きています。インセンションとは、その状態を私たちの次元で体現し、日常生活のレベルまで具体的に影響を与えていくものです。日々少しずつインセンションが進むことで、多次元と融合していきます。

三次元マトリックスを取り囲む四次元のフェンスを超越する

私たちの究極のチャレンジは、広大な宇宙意識を忘れて眠っている三次元の世界で、肉体を持ったまま五感では捉えられない高次元の感覚に目覚めていくことです。しかし、地球の大気の周りには四次元フェンスが波動のグリッド上に存在しています。さらに、社会の中にも目覚めようとしている人たちを弾圧するための活動が常に存在しています。マスメディアが古い意識レベルを保つために報道を偽造していることは、今では一般常識となっています。

そして、マスコミだけではなく、良い情報を流しているふりをしつつ、最終的には人々をミスリードするような「なりすまし」のスピリチュアル活動者が多く存在するのも事実です。

しかし、地球の波動が解放されていくごとに、宇宙の法則に従った現実になりつつあります。十二次元シールドを活用して、目覚めを妨害するフェンスに穴を開け、より高い次元との交流やコミュニケーションをスムーズにしていきましょう。

エンボディアー――高次元テンプレートの体現者になる

ＥＴコンタクトや高次元ガイドとの触れ合いを重ねていくと、スターシードとしての具体的な活動をはっきりと認識するようになります。

繋がった高次元の波動を「既に体現している」ことが、どんどん自覚できるようになります。つまり、スターシードと宇宙系のライトワーカーたちは多次元との架け橋の役割を果たしているのです。このレベルにまで成長するには数年かかることもありますが、着々と色々な人が歩ける道ができ上がりつつあります。

最終的には、自分自身の多次元の魂を体現したのち、社会や国、そして惑星の集団レベルにも役立つパズルのピースを受け取り、機能していくようになります。これこそがもっとも自分のポテンシャルを発揮していく生き方なのです。

エンボディアーたちのエネルギー体が宇宙からのダウンロードを受け取る器になり、地球の高次元のエネルギーグリッドに新たな宇宙情報などを定着させる存在となります。このように考えると、ボランティアの精神がある魂が、人間として生まれた私たちの役目はすごいですね。これが地球に来た本当の理由とも言えます。今はスターシードとしての自覚がなくても、ガーディアンたちはいつでも高次からの贈り物を体現するエンボディアーを募集しています！

どの場面でもしっかり対応できる高次元的なニュートラル性

インセンションや全身覚醒を実現するにつれ、波動レベルにておいても余計な刺激に影響されないニュートラル性が育っていきます。地球人の最も大きな問題の一つに、人々の心や行動が全て恐怖心で動かされていることが挙げられます。しかし、ガイドたちによる深いエネルギーの解放によって、感情的なトリガーや外部からコントロールされる隙間は完全に無くなっていきます。

次の段階は宇宙レベルの中立性の獲得です。二元性に囚われない視点を持つことで、物事をニュートラルに対応できる自分へと進化していきます。最終的には、宇宙と直接コンタクトする経験を通じて、個人それぞれが自分と宇宙とのパイプがしっかり安定させていくことで、ブレのない精神が身に付きます。知識を得て頭だけで理解しようとしたり、直感だけに頼って感情に振り回されてしまったりする二元性に陥りやすい状態です。

しかし、大切なのは「ハートとブレインのバランス」であり、心と脳という縦のつながりを意識してニュートラルな状態でいることが重要です。人間のメンタル体に依存している霊体も多く、体験がないからといって情報にばかり頼っていると、外部から霊が寄ってきやすくなり、どんどん違う方向へ引っ張られてしまう危険性があります。そのため、ガーディアンと触れ会うことで、本当の宇宙意識を開いている存在の波動のあり方が感覚として体得することができるようになり、その危険を回避することができるのです。

アドバンス・スターシード

聖なる叡智を守るため、シークレットな計画を遂行するための契約を交わした魂たちがいます。アセンションのドラマは時代や次元を超越しているため、その壮大な課題に対応しうる経験と叡智を持つ魂が地球に集まるように大いなる呼びかけが行われたのです。その呼びかけにいち早く応じたのが、ライトウォリアーやアドバンス・スターシードたちです。

高度な活動を行うライトワーカーたちにとって、守らなければいけない真の叡智は極秘にしておく必要があり、活動も秘密裏に行われてきました。これを実践してきたエリートのスターシードたちのおかげで、大勢の人々にとって迷いがなくなり目覚めやすい状況が整ってきています。アドバンスやエリートと言っても、もちろんスターシード同士に上下関係はありません。とても手に負えないような状況や問題に対して突き進めるレベルへと、自分のライトボディやスピリチュアルなインセンションのプロセスを先に進めている人々を表すための用語に過ぎません。

「アセンションの世話人」としてコミュニティをリードする立場にいる方も多いです。しかし、これまでは大半の場合、その活動は手探りであり、他の人へ説明することもできず、そのためあまり理解されないものでした。現在では、ようやくアセンションのための活動の状況に相応しい用語が認知されやすくなってきています。このネーミングの多くはアセンション学のパイオニアであり、リーダーであるリサ・レネー氏によって提唱され、オンライン「アセンション用語集」で公開されています。

ソウル・グループとの再会

地球の生活でかなり孤独感を感じているスターシードは多いと思います。しかし、これを知ればきっと勇気と自信が湧いてくると思います。ETガイドや自分のスターファミリー以外に、同じ人間として生きている魂の集団的な家族が存在しています。これを「集団分霊」と呼びます。一つのソウル・グループが大きな課題を役割分担するために、同時期に複数の魂が地球に転生して共同活動をしています。スピリチュアル・パートナーシップは色々あると思いますが、ソウル・メイトや自分に近い役割を持つ人物とは違い、自分の魂の集団分霊のメンバーに会うことはほとんどありません。世界中に、様々な社会的立場や異なる状況で配置され、自分のミッションに取り組んでいます。

また、お互いに宇宙的な才能を待ち、物理的に会うことがなくても、必要な時には自分が持っていないスキルや力を魂のグループのメンバーから借り合うことができます。この時空間を超えた絆があなたにもあることがわかれば、本当に新たな安心感が生まれます。海外の人気ＳＦドラマ『ヒーローズ』で、この高次元的なソウル・グループが大変明確に描かれています。ぜひ、自分のソウル・グループを意識してより明確に繋がるようにイメージしましょう。

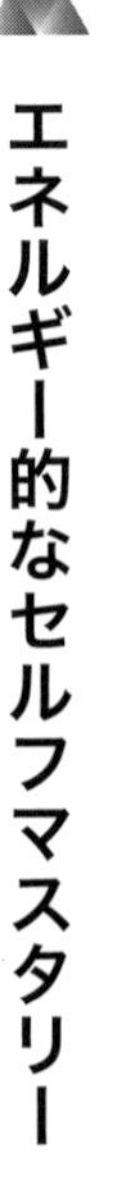

エネルギー的なセルフマスタリー

　こうして自らが自分の現実をコントロールできる〝運転手〞になっていくと、今度は周りの人たちにも自然と良い影響を与えていきます。慈悲深いライトワーカーの皆さんの中には、自分ではなく周りの人を優先してしまいがちな人が多いのですが、やはりまずは自分を整え、大切にできるようになってください。それによる影響力は計り知れないものがあります。家族や友人、会社の同僚だけでなく、街ですれ違っただけの見ず知らずの人、スピリチュアルな世界など全く認識していないような人たちにさえ、良い影響を与えていくのです。それを行えば、皆さんの周りがどんどん笑顔で満ち溢れていきます。あなた自身がアンテナになって高次のエネルギーを自由自在に送受信できるようになる、そんなイメージです。

アルコンによって麻痺させられた私たちのライトボディは、ETガイドたちがスーパーテクノロジーを用いて、スピリチュアルアルケミーを起こし、復活作業をしてくれています。さらには遺伝子のアップグレードも行い、トータルボディ覚醒をサポートしてくれています。私たちは創造主と一心同体であり、必ず宇宙のコアといつでもながっていることが次第に分かってくるでしょう。これはアセンション用語で「バイオ・リジェネシス」と呼ばれています。つまり、多次元レベルの共同創造ということです。

例えば、車の事故に遭ったとしましょう。故障した車をどこのお店や工場に持っていっても、正常な状態の図に基づいて修理をしていきますよね。ライトボディの修復作業もこれと同じで、本来のライトボディの状態と照らし合わせながら、ＥＴたちによる修復が行われます。しかし、三次元の工業製品でしかない車とは異なり、ライトボディは多次元的な存在のため、内部クリアリングとアップグレード作業も多次元的に行われています。

一つのステージをクリアすると、ガイドたちはそのステージごとにご褒美のようなものを用意してくれています。自分の深い部分としっかり向き合って、手放すことができたら、その空いたスペースに今までの自分では受け入れられなかった新しいピースが与えられるのです。クリアリングによって生じた隙間は、ＥＴが愛と光で埋めてくれます。

バイオリジェネシス

バイオリジェネシスとは、「生命体の肉体とライトボディの蘇生・再構築」

という意味です。この概念を初めに提唱したのは、アメリカにおけるアセンション学のパイオニアの一人、KS学（キーロンティク・サイエンス）のアシャヤナ・ディーン氏です。アセンションは、生物学的にも意識的にも地球人がより進化した生命体へと成長するプロセスなのです。

高次元の人類になるための様々なアップグレードやクリアリングが進んでいくと、私たちはより高い次元の微細な密度と融合することができるようになります。今まで当たり前に受け入れてしまい、蔓延しているにも関わらず、ほとんど気付かなかった制限や強制のマイナス・エネルギーが消滅すると、私たちは多次元からの波動を受けとるアンテナになるのです。そして最終的には、自分たちでタイムラインをシフトできるくらいのパワーを発揮するようになります。このようなプロセスを踏んでいくことで、私たちは天使的人類にようやくなれるのです。インセンションは、古代人類が外部から受けた遺伝子操作などの制限を外す、聖なるスピリチュアルな錬金術でもあると言えるでしょう。

「癒やし」の先に

「癒やし」と「覚醒」という言葉は、スピリチュアルの世界においてしばしば多用されるキーワードです。しかし、どちらの言葉も解釈の仕方は人それぞれにあって、出口のない迷路に彷徨いこんでしまう可能性もあります。

もちろん、現代人は癒される必要がありますし、癒しを与える側の人間も必要です。古くはニューエイジ系のスピリチュアルにおいても、「インナーチャイルドを癒そう」というテーマは数多く存在してきました。オルゴールの音を流したり、子供に語りかけるような優しい言葉で、笑顔とともに話しかけたりしながら。これについても、とりわけ女性に対しては確かな癒しの効果があるでしょう。けれども、「癒して終わり」ではないのです。癒しだけでは自己満足の範囲内であり、それよりも先があるのです。あるいは、施術者側がクライアントさんを依存させてしまったり、クライアントさんが手当たり次第に様々な施術を受けてしまったことで、かえって効果が伴わないということもしばしば起こります。

一般的な瞑想は「思考停止（無）」のところで終わりますが、スターシードの皆さんには、そこからさらに社会に奉仕する役割が与えられているため、真の覚醒によってそのステージに早く近づいてほしいと思っています。

そのためには、まず自分が〝気づかないうちにミスリードをされている〟

という認識が重要となります。覚醒もまた曖昧な領域ですが、本来は頭で考えるようなことでもなければ、「覚醒しなくちゃ」というプレッシャーを感じる必要も一切ありません。ネガティブな存在によって間違った方向へとリードされてきた認識を明確にすることで、自分の中に蓄積した霊的なカルマ（サンサーラ）を排除することができ、先へと進めるようになるのです。

JCETIのCE-5コンタクトの現場では、ETコンタクト専用の瞑想というものを行います。この瞑想は、ETガイドとのコミュニケーション（エネルギーワーク等）の入り口です。目に見えない世界が瞑想を通して繋がりあい、意思疎通の結果が目に見えるなど、「五感として体感できる」形に具現化していくのです。これこそがスピリチュアルの世界とは明確に異なる点です。「覚醒」だけでなく、「癒し」の世界においても同様のことを感じています。

より深く見ると、私たち自身のトラウマが個人の癒しや覚醒をブロックしてしまっているのです。さらに、人類全体が持っている集団レベルのカルマもそのブロックの大きな原因となっています。

実のところ多くのスピリチュアル界では、「癒し」と称しながら〝眠ったままでいいですよ〜〟という言葉を誘い水に、潜在意識を操作するプログラムを秘かに組み込んでいるところもあるのです。

一見、癒しの音楽やアロマ、ヒーリング療法に見える行為であっても、実際はアルコンが見えないところから目覚めを遠ざけるような催眠をかけるなど、そのセラピー自体を乗っ取っていることが多々あります。想像することは難しいかもしれませんが、この現象は、実際頻繁に起きていることなのです。

「真の癒し」とは何か。「真の覚醒」とは何か。そのことに冷静に向き合い、ガーディアンたちとつながっていけば、本来あるべき高度なスピリチュアルな道を歩みながら、癒しや覚醒の感覚が自然と身についていきます。

NEW（新）ニューエイジ概念

オーソドックスなニューエイジ概念は、現在浸透しているスピリチュアルの中心的なものです。これは最先端のアセンションの知識は不要だというスタンスにも見えます。大きな原因のひとつは、スピリチュアルなことを「流行りのビジネス」として扱っているような人々の影響です。２０２０年以降のＹｏｕＴｕｂｅの普及が活性化したことによって、ようやく偽光界によるビジネスに偏った状態を打開するような変化が生じてます。

スターシードたちは次のステージへ！

そして2021年になり、新しいスタンダードの必要性を感じています。画期的なアセンション情報は大変少なく、むしろ逆行しているかのように感じる情報さえあります。残念ながら、目覚めかけているスターシードのニーズに合わせた情報がまだまだ少ないのです。古い「愛と光」だけを中心とする概念は、波動的にすでに役目を終えているにもかかわらず、判断がつかずにスピリチュアル系の迷路に入り込んでしまう危険性は現在も続いています。そのために、高次元レベルのゴールに到着できないでいるケースが山ほどあるように感じています。これは大変もったいないことです。

スターシードが本来リードするべき五次元スピリチュアルでは、癒しを中心としたスピリチュアルより、もっと成熟した大人の感覚が必要となってきます。高次元存在と対等に生きる時代に向かっている今、古い制限や恐怖心に振り回されている場合ではありません。軸をもってガイドと繋がりましょう。

一見すると遠い宇宙存在からの教えだと感じても、地上での日常生活にとても役立つスキルが多くあります。家庭や学校、職場などでバランスの取れた形で根付かせ、私たちは宇宙的ライフスタイルを実現するようになります。スターシードはその実例となり、自然に周りの人たちに良い影響を与えていきます。その場を浄化し、人間の意識とエネルギーの覚醒を刺激する異次元の装置になるのです。

闇の解放が無い覚醒は不可能

最近、「早く覚醒したい」と感じている方がとても多いです。しかし、スピリチュアルのコミュニティ全体が、目覚めを邪魔している真の原因を認識できないうちは、それを達成することはできないのです。地球の人類は、大変長い間ハイジャックされた惑星として存在しており、その惑星に生まれてくる人たちは皆、強烈な集団マインドコントロールによって操作されているという事実を受け止めなければいけません。そもそもスピリチュアルな目覚めはこの惑星レベルの洗脳から解放するために存在しています。前例のない前例のない集団アセンションの船には、誰ひとり取り残されることなく、みんなで乗ることができますが、この船に乗る入り口は目立たないところにあるのです。それは「隠された真実を自分の真実として選択し、直面していくこと」なのです。アセンション号に乗船する私たちには、多次元的でネガティブな影からの影響を理解し、観察し、光の力で変容させていく責任があります。

もちろんこの恐ろしい現状を受けとめたくない方は多いと思いますが、宇宙ファミリーは私たちには既に勇気が内在していることを思い出させてくれます。

その一方で、たとえば再び注目を浴び始めている「引き寄せの法則」や「非二言論」は、ネガティブな経験も含め「全て自分で起こしている」という解釈を結果的に与えてしまい、不完全なままでアップデートされていません。アセンション論に当てはめてしまっている発信が最近多いのですが、これは独自の意識を持つ、目には見えないアルコンなどの存在が「闇の存在など、この世界には存在していない」という錯覚を促すために起こしているキャンペーンなのです。実際のところ、自分たちの宇宙犯罪の責任逃れのための逃げ道として機能しています。これは、正しい道を避けてしまう「スピリチュアル・バイパス」と言います。誘導されてしまっている活動者やそのファンの人たちも大変多く見受けられます。みなさん、これには十分に注意を向けてください！

ディープ憑依現象

セルフマスタリーを実現していく皆さんの新しい習慣として、「外部クリアリング」があります。これはP201で紹介しているオーバー・シャドウ現象に対して非常に有効的です。こちらのクリアリングは、人間が抱える「目で見えないマイナスの影響」に作用します。

一番わかりやすい例は酔っ払いです。元々アルコールの別名は英語で「スピリッツ（魂、霊魂）」であることからもわかるように、アルコールは霊的な体であるライトボディにダイレクトに作用します。バーのように、お酒や煙草が置いてある場所にはあまりよくない霊体が寄りやすいのです。思い返せば、私が以前よく出入りしていたクラブやライブハウスにもたくさんの霊たちが集まっていたことが今となってはわかります。浮遊霊は、酔っぱらって怒る人や落ち込む人に同調し、すぐさま寄ってきます。そもそも、酔っぱらって怒ったり落ち込んだりする時、それは本人の感情ではありません。憑依された直後に、霊の感情とその人の感情が一瞬にして溶け合い、本人は一切区別ができなくなってしまうのです。

このように憑依してくるのは、日常で不意に入ってくる四次元のアストラル存在だけではなく、五~七次元といった高次元のアルコン存在たちがいます。彼らは普通の霊とは異なり、ス

ディープ憑依現象のイメージ

ターシードたちを抑制するという意図があります。私たちのライトボディにネガティビティを仕掛け、麻痺して使えなくなっているライトボディのパーツを自分のものとして利用し、その人の人生を乗っ取っていきます。ある意味、私たちのエネルギーボディに棲みついているわけです。

この無断侵入は宇宙犯罪であり、大きな意味で地球のアセンションを阻止する行為です。その取り締まりをするために私のような宇宙警察がいるわけですね（笑）。波動の高いガーディアン領域の存在たちは、もちろん人間と合意のない行為は決して行いません。

私の個人セッションでしばしば体験するケースとして、スターシードの周囲や背後から霊やアルコンが現れる、あるいは本人のエネルギーボディの中にまでその存在自体が深く入り込んでいることが挙げられます。この場合はガーディアンの力なしに解消することは限りなく不可能です。

このような「ディープ憑依現象」と言うべき恐ろしい経験をしているスターシードが地球には驚くほどいます。そのため、私はガーディアンETグループとのコラボレーションによって、多くのスターシードを侵略から解放するサポートをしてきました。無断で自分の領域に侵入されているなんて聞いたことがない情報だと思いますが、ヒーリングを仕事にしている人の多くは、口には出せなくても、浄化することができない厄介な存在のことを認識しているはずです。

問題なのは、こういったディープ憑依の状態に対応できる専門家や専門機関がいまだにほとんど存在していないことです。門前払いされたり、そんな現象はまるで存 在していないかのように扱われてしまうことが多いのです。

一般的なヒーラーやプラクティショナーがセッションを提供するときによく起こる４つのパターンは次の通りです。

1. ヒーリングや浄化を試みたけれど全く除霊できない。

2. 「これは対応できません」とセッションを断る。

3. 判断ミスを起こす。強いネガティブETにもかかわらず、生き霊などと捉えてしまう。さらに、「あなたの内側に原因がある」などクライアントの責任として片付けてしまい、問題が解決しない。

4. 未完了に無自覚または伝えていない。ヒーリングや浄化を執り行ったものの、最後まで取り除けていないことを認識できていない。あるいは、それを理解していてもクライアントに未完了の旨を伝えていない。

今のスピリチュアル業界の主流では、ネガティブなアルコンが明確な意図を持って攻撃してきていることをほとんど受け止めていません。プラクティショナーが認識を広げることで、助けを求めてきたクライアントさんへの対応力も本当に拡大することを知ってほしいのです。五次元へと進化するスピリチュアルの分野でも、そろそろネガティブな存在からの影響を受け止め、当たり前に対応できるようになると期待しています。

ＪＣＥＴＩの活動ではこのような極めて難しい、他では解決できなかった浄化をいくつもしてきました。ＥＴコンタクトは、宇宙レベルのアセンションのサポートとしてアルコンの妨害を排除し、スターシードの安全を守る活動でもあります。

活動的なライトワーカーになるために

私たちが目に見えない存在たちと触れ合う中で、（アルコンにしてもガーディアンにしても）彼らがどこからどんな現象を発信しているかを監視するトレーニングをしないといけません。これは、経験を積み重ねていくことで誰にでも可能となるスキルです。
真実の情報を表に出そうとしているライトワーカーは、ＮＡＳＡの研究者や「ホワイトハット」（政府や軍の内部で働きながら内部告発を試みている人たち）など世界中に存在しています。しかし、ひとたび行動を起こして暴露をすれば、それまでの仕事を失ってしまうか、国家権力に逮捕されてしまうか、最悪の場合、殺害によって粛清されてしまう可能性もあることから、なかなか実行に移せないのが現状です。

とりわけメディア業界では、ジャーナリストなど様々な人たちが口止めされている状態にあります。私自身（ＪＣＥＴＩ）がまさにそうですが、ＵＦＯ情報について真実を語る人はまずマスコミには出れません。ＵＦＯに関して言えば、意図的なメディアのミスリード具合は、日本が世界でもワーストかもしれません。宗教団体をはじめとして、フェイク情報を流す〝ゲートキーパー〟と呼ばれる人たちが、水面下で大手マスメディアと結託し、決して真実を流さないという仕組みを作り出しています。

大手マスメディアが伝えていることの背景には、ほぼ間違いなく「ネガティブ・エイリアン・アジェンダ（NAA）」の力が働いています。メディアの正しい活用方法は〝何を報道しているか〟ではなく、〝何を報道していないか〟を見抜くことにあります。闇の圧力に怯えてせっかくの啓蒙活動を諦めてしまうのは本当にもったいないことです。真実を伝える人たちがもっと高次元の存在を認識し、直接コンタクトできるようになっていけば、世界はどんどん良い方向に変わっていくでしょう。

Chapter

10

マインド・コントロール vs 五次元マインド

マインド・コントロールについて

マインド・コントロールの正体を研究したり、実際の被害者が命がけで暴露証言を行ったりするなど、勇気ある活動者が世界中にいます。陰謀論や心理学の領域においても、マインド・コントロールは闇を理解するための大切なピースにもなっています。

ここでは、政治やイルミナティの世界だけではなく、一般市民に向けられている、より深い霊的なレベルで働くマインド・コントロールの仕組みを紹介します。長年、マインド・コントロールが存続している基本的な理由は、「目に見えない力」を駆使しているからです。コントロールのツールを視認することができず、巧妙に隠蔽されてきたことで、私たちは見逃してしまうのです。

大々的な攻撃という意味ではなく、この地球に蔓延しているコントロールは非常に〝サトル（微かなもの）〟であり、微細な波長で奇妙な領域で行っています。「サトル・エネルギー」は、四次元エネルギーでは「氣」として存在しています。私たちの五感では捉えることができない、頭では理解することができないレベルの微細で深い領域が意図的に操作されているというわけなのです。

これだけを聞いてしまうと抵抗のしようがないという気持ちになるかもしれませんが、このマインド・コントロールの影響下から離れていく方法はもちろんあります。そして、それはいつでもシンプルなものです。その方法とは、「自分のマスタリーをどんどん体現していくこと」なのです！　そうすることで、見えない四次元のアストラル界からの人間への操作がどれほど多いことかに気づけるようになるでしょう。

日常的なマインド・コントロールとは

マインド・コントロールは次のパターンに大きく分けられます。

1　外部からのもの……四次元からのサイキック・アタック、軍によるスケーラー波などの操作（細胞レベル）、ネガティブETやアルコンの意識的な攻撃。

2　内面からのもの……古い精神的概念、インナーチャイルドのダメージや前世のカルマ、不安や恐怖心などを引き出す、その人の中にあるものを材料にした操作。

宇宙レベルから見れば、現在の社会全体がまさにマインド・コントロールされている状態です。低い自己評価や日々の自分の選択を無意識のうちに指示している「ネガティブ・セルフトーク」など、全てが内面マインド・コントロールの現れによるものです。私たちの社会的なバイアスをはじめ、個々の家族内におけるネガティブなプログラムや、遺伝子レベルで先祖から引き継いでいるカルマといった〝エネルギーの雑草〟が原因となり、その結果として思い込みのクセや思考のバリアが形成され、それがマインド・コントロールへとつながっています。

作為的な操作は、サトルエネルギーレベル、すなわち物理的に感知できないところから行われます。感知する装置のメーターすらも微動だにしない感じで、無意識以下のレベルで入り込んでくるのです。直接、神経パルスに入って身体を動かしたりしてくるのですが、これがマインド・コントロールを行うやり方なのです。

そして、アディクション（中毒）は究極のマインド・コントロールです。買い物、ギャンブル、整形、アルコールなどの依存症は、全て自分のコントロールができなくなって心が〝ハイジャック〟されている状態です。これは、アルコンネットワークがそうさせている時もあります。彼らが日常に潜んでいる例は他にもあり、最近増えているのは電車内に掲示された広告や車内のドア上部に設置されたディスプレイ広告で人々に特定の情報を流し続け、気を休められないようにしているというものです。つまりは「思考から離れること」ができないような社会を意図的に形成しているのです。

重度のアディクションの場合は、現実から逃避するためにギャンブルやお酒に依存することで感覚を麻痺させ、パチンコ屋にいても雑音が聞こえなくなってしまうような負のスパイラルが起きやすくなります。皆さんの悩みや迷いの原因は、そもそもエネルギーボディの領域やオーラ層に存在しているため、心理カウンセリングや薬でもなかなか治療ができません。しかし、こういう時こそエネルギー治療が力を発揮するのです。

飛行機が特定の高度よりも低い低空飛行をするとレーダーで感知できなくなるように（アンダー・ザ・レーダーという言葉で表されます）、外部のマインド・コントロールが、内面のマインド・コントロール・レーダーに感知しないレベルですっと入り込んできて、記憶に残らないようにこっそり内面の奥深くに影響してしまうこともあります。実は、あなたの手元のスマホが、毎日毎日このように悪い刺激を与えてしまっているのです。

例えば、ジョン・レノンやロバート・ケネディを暗殺した人物も、実はマインド・コントロールされていたのです。殺害を実行した張本人たちには、実はその時の記憶が一切ないのです。つまりは、自分の全てのシステムが支配されてしまっていたことを証明しています。

心や念の本当の力

意識（マインド）が三次元に影響（コントロール）する有名な例が、江本勝先生の『水からの伝言』です。これは「ありがとう」「綺麗だね」といったポジティブな言葉をかけた水は美しい結晶をつくり、逆に「バカ」「嫌い」といったネガティブな言葉をかけた水の結晶は崩れてしまうという研究をまとめたもので、言霊の力や人の念力と水の力がいかに強力かということを物語っています。私たちの肉体の組成は70％が水であり、お互いのコミュニケーションよって同じことが体内で起きます。ですから、明るい心持ちで語りかけることは大切です。

これと同じ原理を完全に悪用したマインド・コントロールが、実際に軍の機密プロジェクトで利用されています。非常にネガティブな波動のメッセージを人間の体液に振動させ、思考を操作していくものです。ターゲットの身体に悪いアファメーションを遠隔から共振させ、無意識レベルで人をプログラミングしていきます。これは「エントレインメント」と呼ばれています。つまりアファメーションの力を反対のベクトルに使用することです。

人の心に恐怖心を芽生えさせることによって、反対運動や陰謀論の活動を

スカラー波装置のイメージ

している人々が支配者たちに不都合な情報を出さないように仕向け、情報漏洩を防ぐというわけです。同じように、ライトワーカーは不正を発見すると告発しようとするのですが、アルコンがそれにストップをかけます。

スカラー波装置から発信する「マインド・コントロール・スクリプト」（ラディオニックスという科学分野）も問題視されています。NSAの基地からターゲットにスカラー波装置を使用し、「あなたは〇〇できない」

といったネガティブな言葉を電磁波に変換して、人の脳内に送り続けることである種の呪いをかけるのです。これは遠隔で行われるため、ターゲットにされた人は自分の思考との区別をつけることができません。意識のバックドアから入り込み、ネガティブな内容を自分の思考だと思い込んでしまうのです。私ももちろん体験したことがありますが、強力なネガティブパワーが働きます。とにかく「突然、なぜこんな感情を抱いてしまうのだろう」と思ったら、即座にクリアリングするようにしてください。

そして、最近不眠症の人が非常に多いですが、これは電磁波を浴びて攻撃されていることが原因の可能性があります。振り返ってみると、毎日止まることなくスマホやＰＣから電磁波を浴びたり、広告を目にしたり、ケムトレイルの影響を受けたりするなど、様々なコントロールツールが私たちに影響を及ぼしているのです。

マインド・コントロール・スクリプトを外すために、次のエクササイズを実践してみてください。

メンタリズムなどの力

現代心理学の延長で「メンタリズム」というジャンルができて久しく、日本でも人気の若者が広告や教育、社会、ビジネスなどにその話術のテクニックを導入して、個人的なメリットを享受する方法を紹介しています。この分野は、人間の条件反射や潜在意識をターゲットにして、誘導の仕方を伝えるものです。これを見ると実際に人間は様々なレベルでコントロールされてしまう可能性が高いことがわかるでしょう。

ポイントは、相手が意図していない結果を話術によってこちらの都合で引き出すことにあり、これはネガティブな存在が駆使する心理作用と同じレベルのものです。相手とお互いにＷｉｎ－Ｗｉｎなら良いのですが、大半のケースにおいては相手から一方的に何かを得たり、自分の思い通りに人を勝手に動かしたりすることが主な目的となっています。セルフマスタリー的に言えば、メンタリストは他人の覚醒ではなく、相手を誘導して騙し取ることがゴールとなっています。実は「自分さえ良ければそれでいい！」と言う考えは、悪魔主義の中核となる概念でもあるのです。これは人類のアセンションやサポートにはなりません。

やはり、アルコンのアジェンダを宣伝する活動は大手のメディアやスポンサーたちからどれだけ「気付かないうちにミスリードをされる」が一番当たるかもしれないですね。メンタリストの方は知らないうちに闇の概念をスタンダードにするための計画の宣伝等になっているケースが多いのです。

サイキックな圧力

メンタリズムと同様に「非言語コミュニケーション」の領域にも一難があります。非言語コミュニケーションとは、私たちが言語以外で交わすコミュニケーションのことであり、仕草や表情や声のイントネーション、服装などを通じた表現のことです。驚きを禁じ得ないのは、一人ひとりから出ているオーラや気のエネルギーでもコミュニケーションが行われていることです。

「サイキックな圧力」は、目では見えないエネルギーレベルで人を誘導するコントロールです。実はこれはメンタリズムが取りざたされるずっと以前から、私たちの社会で毎日のように自然に行われてきた現象です。わかりやすいのは動物界です。オス同士がテリトリーを示すための威嚇行動や、母親が子供を危険から守るための気迫や警戒などがあります。一方で人間界においては、男性が女性よりパワーを示したり、付き合いの中でリーダーシップを取ったりするなどの傾向が強いです。また、会社内で発生するパワーハラスメント（パワハラ）やモラルハラスメント（モラハラ）でも、必ずエネルギー的なコントロールが関わっています。

〝エネルギー的なコミュニケーション〟が日々行われていることに意識を向けるようにしましょう。無防備な状態では、他人や霊的存在の意図に無意識のうちに強制的に流されてしまうことになりますので、まずは自覚を持つことが必要です。〝AとBのどちらがいいですか？〟と聞いておきながら、雰囲気や立場……つまりは念力で「導き出される答えを誘導している」ということはよくあることなのです。

人間同士の見えないコントロールから自分を解放するためには、エネルギー的なセルフマスタリーが必要です。とりわけエンパスの方は、他者との境界線を感知することができずに、すぐに相手の感情や想念まで吸収してしまう傾向があります。それを避けるためには十二次元シールドがとても適したツールになっています。

また、私たちは被害を受けるばかりではなく、他人をコントロールする加害者でもありますから、セルフマスターを行い高次元的な中立性を身につけることが真の解放へと繋がります。無自覚のままでは、人に不本意な迷惑をかけても認識すらしないため、話がいつまでも食い違うなどスッキリしないままなのです。兎にも角にも、これらの事柄について初めて知る人にとっては、私たちのオーラ体の周囲に侵入する刺激や受ける影響がどれほど数多いことかと驚いてしまうと思います。

メディアの情報操作と市民に対する心理戦

2020年のアメリカ大統領選で明確に体験したことですが、現代社会では大手マスメディアが不当なまでに大きな影響力を持っています。民主党と共和党という二大政党に対して、偏りのない公正な報道はほとんどなく、ひたすら二人の大統領候補者への攻撃と両者のアピールばかりでした。そこにジャーナリズムや中立性は微塵もなかったのです。もちろん、日本においてもそれは同様で、全ての報道がこのように何らかの偏ったスタンスで行われています。

大企業がマスコミと結託することによって、反対意見を伝えたり、政治、経済、社会、教育などを幅広く報道する自由は完全に無くなったと言えるでしょう。科学の世界が認めない意見やスポンサーに対して不都合に映る情報は全てがカットされています。政界での賄賂や、UFO研究、フリーエネルギーのシステムも無視されています。JCETIが日本語字幕を担当した映画『非認可の世界』の中では、軍の組織がマスコミや地方メディアにお金を渡して情報を隠蔽する工作が存在したという証言も紹介されていました。

毎日ニュースの中で〝世界の様子を伝えている風〟の情報に触れることを繰り返していくと、無意識でマスコミの発するフェイクな情報をまるで真実のように受け入れてしまうようになります。そしてマスコミを信じない人は除け者にされるのです。この悪影響だけを見ても、民主主義の正常なあり方そのものが骨抜きにされていることがわかります。このように、偽の現実を創作するようなマインド・コントロールも、皆さんが想像している以上に宇宙意識をブロックしているものなのです。

人体とマインド・コントロールの関係について

私たちがマインド・コントロールを波動レベルで認識できるようになると、自分の人生で起きている現象の根本まで理解が可能になります。その境地に達することができれば、そこで驚きの仕組みが明かされるのです。

微細なエネルギーを人のエネルギーボディに侵入させることで、非常に深いレベルまでコントロールすることができます。とりわけ操作の対象として利用されている人体において弱点となる場所は、みぞおちから下にある第1～第3チャクラです。これら3つのチャクラの役割や機能の象徴となるものは「肉体」です。

下3つの重要なチャクラが、他者が意図するままに利用されてしまうのです。知らないうちに攻撃の波動がエネルギーボディの隙間に入り込み、自分のエネルギー体が強烈な操作を受けはじめます。マスコミ、宗教、教育などはその弱点を狙うような仕組みが完成しています。マインド・コントロールとは「頭」だけの問題ではないのです。

コア・エネルギー・センターが攻撃を受け、人間の第1～第3チャクラが操作されてしまう仕組みや集団トラウマの影響としては、次のようなものが挙げられます。

1 サバイバル意識を変に刺激されてしまい、恐怖感を通して誘導を受けやすくなる。

2 第2チャクラが正常ではない状態になり、男女のエネルギーバランスが崩れ、男性性だけが強調されたり、ポルノなどの肉体的な関わりに誘導されたりしてしまう。

3 自分さえ良ければいいと言う利己主義や自分勝手なエゴイズムなどに誘導され、様々な我欲が止まらなくなる。

チャクラに侵入して行う操作は、メンタルや心理のレベルで認識する以前の領域になりますので、よりエソテリック（秘儀的）であり、それは真言密教や神秘主義者の間でしか知られていないものでもあります。

外部コントロールは、子供の頃から環境そのものがプログラミングされています。自然から離れた都心に暮らし、お金を稼ぐことを優先したり、個人よりも会社を優先したりといった非常に現代日本特有のプログラムもあるのです。

大切なエネルギー・センターを癒し、外部コントロールによる操作を引き込んでしまうトラウマを外すことは、新たなレベルのエネルギーマスタリーへの鍵となるのです。

ハイジャックされた神経回路と頭脳の働き

人間とは、〝癖の固まり〟でできているようなものです。これは思考の流れについても同様のことが言えます。数秒間の間に、同じような話題や心配事や妄想が自然な思考として繰り返されているのです。

このループから解放させないための社会的なマインド・コントロールの影響を誰もが受けています。ガーディアンとのコンタクトによる高次元レベルからの解放を体験すると、人生で初めて真の意味での「自由」がわかるようになるでしょう。人間の神経回路は、非物質エネルギーの次元と肉体のレベルを繋げる大切な変電機でもあります。ここから内面にかかっている負担を解放することができると、さらに高次元からのサポートがエネルギー次元で循環しやすくなります。

地上のチェッカーボード・マトリックス

個人的なコントロールを遥かに超越したマクロスケールの装置についてお伝えします。地球が重い周波数になってしまったマクロ的原因が、いよいよ判明されたのです。アルコンが、地球のエネルギー・グリッド（レイライン上）にある土地の磁場に仕掛けた「チェッカーボード・マトリックス」が存在していたことが、ETガーディアンたちから知らされました。

例えば、日本国内でも有数のレイラインである「出雲大社ー伊勢神宮」が一本の線で結ぶことができるように、列島を貫く大きなグリッドもあります。そして、それよりもさらに広範囲に及んでいるのが、チェッカーボード・マトリックスです。

このグリッドを使用して、壮大な数の人々のエネルギーを奪取していたのです。パラサイト行為を惑星規模で行い、マインド・コントロールを拡大していく役割が与えられていました。

すべての惑星と同様、ガイアにもトーラスで循環している生命エネルギーフィールドがあります。それを逆回転にしてしまうことで反生命エネルギーに切り替え、不正な活動を行うための悪しきグリッドを形成してい

「チェッカーボード・マトリックス」のイメージ

たわけです。これは、地球の母体に差し込んでいたエネルギー搾取のインプラントの仕組みであったとも言えるでしょう。しかし、この忌まわしきリバーサル・グリッドは、２０１９年末にガーディアンたちのサポートによってシステム終了しました。世界中のライトワーカーたちがグリッドを書き換えるサポートをするために、世界各地のエリアに配置されていたのです。

過去に大きな戦争があった場所や、ギザのピラミッドやイギリスのストーンヘンジも、アルコンネットワークの巨大グリッドのレイラインや分岐点になっています。今もなお紛争が継続している中東エリアには、人間の意識がスクランブルするようなシグナルや情報を発信し続けていました。余談ですが日本ではかつてお城があった場所は、多くのことが実現しやすいパワースポットになっています。

地面から出ているシグナルである「ELF（超低周波）」が、私たちの足からも入ってきます。そのため、十二次元シールドのゼロチャクラ（足の下）に張るシールドの大切さがますます重要視されているのです。

「スマホ＝マクロ・チップ」か！

新型コロナウイルスの影響で、ワクチンや5Gの話題と共に随分前から取り沙汰されるようになった話題が、「人類にマイクロチップを埋め込む」というもの。しかし、危惧するまでもなく、既に私たちはインプラントされているのです！〝マイクロチップなんて心当たりがない……〟と思うかもしれませんが、皆さんが常にその手に持ち歩いているスマートフォンがまさにそれなのです。

すなわち、インプラントされてしまっているのは、肉体ではなくエネルギー体です。敏感になればなるほどこの影響から解放される必要が増していきます。一方で朗報もあります。憶えておいていただきたいのは、五次元からのサポートやテクノロジーは「それ以下の次元のものを簡単に無害化できる」ということです。

つまり、この問題について心配していても、エネルギーの無駄使いになります（残念ながら陰謀論の世界では、まだＥＴによる医療の存在が知られていないようですね）。

また、ガイドたちに確認したところ、２０２０年に各社が製造した新型コロナウイルス・ワクチンにおいては、現時点ではマイクロチップは導入されていないとのことでしたので安心してください。

ニューエイジの中にある騙し

日本では、オカルトやスピリチュアルの分野においては、「本物」か「偽物」という二元的な扱いが一般的です。実はあまり知られていないのですが、それ以外の第3の概念があるのです。このグレーゾーンは、「フォルス・ライト（False Light）」と呼ばれています。別名「偽光」です。霊感商法以外でも、スピリチュアル業界には大きな問題が存在していますが、実際のところは宇宙次元と繋がっていない活動者が非常に多いことがその根本原因となっています。まずはこれを見分けるための基礎知識からお伝えします。

世界には、「気づかれないように世の中をミスリードするため、どのようにマインド・コントロールを行うのか」という計画を立てて実行する機関が幾つもあります。英国のタヴィストック研究所や、カルフォルニア北部のエセレン研究所などのシンクタンクがその代表ですが、彼らは政府との計画の一環で動いています。特にスピリチュアル業界は彼らに利用されているのですが、現在では世界中で当たり前のように受け入れられているニューエイジの教えやスタンダードの一部は、常にこのような要素が入っているのです。

2012年のアセンション説の時も、皆さんの危機意識を巧妙に利用した結果、誤った解釈があちこちで飛び交って混乱を招いていました。真実の情報よりも目立つことが目的です。そうやってお祭り騒ぎを演出することにより、真実の活動者の情報が広がらないように手を打っていたのです。「2012年はこんな仮説をプッシュしよう」と決め、影響力のありそうな著名な研究者をも巻き込み、巧みに皆を操作していました。テレンス・マッケナ氏がマヤ族のアセンション説を科学的に裏づける研究をしていたソフト「タイムウェイブ・ゼロ」も、実際にこの作り話の一つでした。

こうした背景を一度認識してしまえば、諜報機関と秘密結社が元は同じであることがわかるようになります。今、ようやくそれについての研究が進み、多くの人に認識されつつあるのです。実際、諜報機関の職員が同時に秘密結社の会員でもあるわけですが、皆さんにはこうした事実を知ることにより、彼らに左右されないようになってほしいと願います。

私がディスクロージャーの本家であるグリア博士にお会いした時に直接聞いたもう一つの実例は、「超越瞑想」の創設者であり、大学も創立したグルとして知られるマハリシ・マヘーシュ・ヨーギーのことです。グリア博士はマハリシ国立大学第1期の卒業生でした。マハリシ本人がグリア博士のミッションや資質を見抜き、彼を随分と鍛えたようです。

しかし、マハリシが亡くなった後、超越瞑想はどんどん組織化し、ルールが増えすぎたことで本来の目的を見失ってしまいました。これもCIAが方向性をコントロールしたためです。彼らは意識の力がわかっているからこそ、意図的に超越瞑想に介入したのです。

全ての情報操作の目的はただ一つ、それは話題を〝支配〟することです。〝コントロール〟ではありません、〝支配〟です。人間は情報を得ることによって、感覚や意識が出来上がっていくわけですから、情報を操作するということが支配のためには大切になってくるのです。この点を考えると、私たちが本当に信じるべきは、自分の宇宙的な直感と高次元の繋がりのみであることが自ずとわかるはずです。

偽光現象のメカニズム（宇宙的なモラリティ）

本当の宇宙的なモラルがどんどん明らかになればなるほど、お互いに尽くしあう、サポートしあう、成長させあうという関係性を他の人と築きながら、バランスのとれた自己犠牲ができるようになります。それが高度な社会の在り方でもあるのです。しかし、「偽光界」の仕掛けにひっかかってしまい、被害を受けている人も非常に多いのが現状なのです。

偽光界は様々な分野に潜んでいます。偽光界が仕掛けた罠にはまってしまう人は、自分の外に何かを求め崇めすぎて、「自分自身の大切さ」が見えなくなってしまっています。しかし、どうしてこの罠に引っ掛かってしまうのでしょうか。偽光とは〝偽の光〟のことですが、フェイクであっても眩しいのです。ギラギラと輝きを放ち、目が眩むような光を放っているのです。その偽光を発するグルやリーダーなどと交流することで、見えない世界の迷路にはまり、さらなる目眩しによってまんまと誘導されてしまうのです。スピリチュアルの道を歩む人で、初心者が体験する「愛と光現象」があります。これはハートチャクラが開くプロセスにおいてとても引っかかりやすい時期なのです。

偽光界が及ぼす作用は、現代特有の現象に限らず遥か昔から存在しています。中世ヨーロッパの魔法使い、宗教的権力者、また中南米のシャーマニズムにおいてもそうです。自らの能力を人に尽くすために使う人間がいる反面、相手をコントロールするために使う人間もいました。スピリチュアルリーダーや教祖の立場というのは、他人に大きな影響を与えることから、重大な責任を有しています。本来であれば、1％であっても自分の能力を、他者のコントロールのために使ってはいけないのです。

偽光界実例リスト

・ケムトレイルの写真説明を「竜神雲」と記載し、ミスリードを誘う。

・スマホのレンズフレアー（機械の中のハレーション現象）によって撮影された写真をＵＦＯに見間違えるとき。

・非宇宙の法則↓「ジャッジしない」を良いことにモラルが欠落していく。「引き寄せの法則」の名のもと、利己主義の助長を促している。また、宇宙ではただ唯一の真実など存在しておらず、各自の主観的な世界で無限大の宇宙の数があるという錯覚を信じ込ませます。これは、四次元アストラルの意識の視点であり、宇宙意識ではない幻覚なのです。宇宙とは「絶対善」であるにも関わらず、「光と闇の存在が半分ずつで世界はバランスしてる」という考えはルシファー主義の基本心理でもあります。

・ヒンズー系のサイババをはじめとするグルの世界は、目に見えない世界の入り口になりやすい領域です。グルが目の前で手の中に指輪を出現させるなど、物質化や超常現象を起こすことができるため、スピリチュアルな世界に足を踏み入れたばかりの人であれば、その現象を目の当たりにするだけで「この人はすごい!」と思い込み、コントロールされやすくなるのです。

・スピリチュアル系のグッズ販売でも偽物がすごく多く出回っています。イベントで、「このストーン・ブレスレットはエネルギーがすごいんです」と言ってセールストークをしている人の横で、もう一人がこっそりそのブレスレットを手で温めていたことがあります（笑）。嘘みたいな話ですが、本当に信じて買ってしまう人がいるのも事実です。ストーリーの裏付けがないにも関わらず、皆が信じて買ってしまうのです。

・自己啓発系の講演会では、会場の地場をコントロールするような装置を置いていたりします。パチンコ店で流れる大音量の音楽や、皆さんが訪れるショッピングモールで流れる音楽でさえ、興奮させるような心理に大きな影響を与えるものが選ばれています。

・チャネリング情報をかき集めて自分のチャネリング情報にみせかけたりしている人もいますが、これも絶対にアウトです。

・元オセロの中島知子さんをはじめ、芸能界などのエンターテイメント業界でも、偽光界に利用されてしまう人は少なくありません。有名になって顔が広く知られてしまうと、なかなか他の仕事をしにくいので、一般の人よりも不安になりやすいのでしょう。しかも、お金はたくさんあるわけですから、藁にもすがる思いで誰かに頼りたくなる。偽光界にとっては恰好の餌食であるわけです。

・オウム真理教やアメリカのカルト集団もそうですが、グルたちは心にある欲「内なるシャドウ」を利用され、精神や思考の操作を受けてモンスター状態になっていました。自分の欲を満たすために周囲を操作していたのです。

・ある日、ニューヨークの知人のアパートの下で、カルト宗教団体が講義を始めていました。二人が長時間にわたり呪術的な降霊状態で参加者を攻撃し、言葉や祈りを詰め込み、その場にいることで正常な思考が機能しなくなるような方法で会員を増やしていたのです。

簡単にリストアップしましたが、このような犯罪的な循環を一切断ち切るために、私は活動をしていると言っても過言ではありません。地球でのマネーゲームが終われば、半分以上の現象は自然に消失していきます。これからは、宇宙の法則に沿ったスピリチュアル活動を増やしていかないといけません。商売主義に走ってしまうと、スピリチュアルはどうしても価値観が衝突し、誠実さや正確さなどの効果のバランスが崩れてしまいます。効果があるように「見せかけていく力」がすごくても、霊的なエネルギーにさえ届いてないものが大変多いのです。

スピリチュアルを仕事にしたいと思っている人は、最初は無料でモニターの人に手伝ってもらうなど、着実に自分の能力が人のお役に立てるものだと確信が持てるようになってから有料にするべきです。騙されてしまう人にも問題はありますが、施術者が宇宙レベルどころか霊的レベルの効果にさえ届いていないことがよくあります。「霊的無知」のような状態では、ノイズと繋がっているようなもので、そのためにガーディアンとのコンタクトが不可能になってしまうのです。何度も繰り返しいくうちに、奇妙な次元に繋がっていることが自分のスタンダートとなっていくのです。

偽光界の宇宙

私が偽光を最初に体験したのは、もちろんＵＦＯ研究の世界でした。宇宙の活動は偽情報や印象操作だらけで、偽光界を体験し、観察する機会がたくさん与えられました。

偽光界宇宙版実例リスト

・カルト集団も偽光界の力を知っておりＣｕｌｔＢａｉｔｉｎｇ行為で、「ＵＦＯ」というキーワードを不正な活動に利用しています。怪しい団体ほどＵＦＯを話題のエサにして人を集めて「こんな団体があるんだ！」と面白がらせながら、全く別の目的を仕掛けて信者を増やしたりします。

・ＵＦＯの映像や写真、宇宙人との遭遇、宇宙船に乗せられたという体験なども、多くは偽光界による偽物です（もちろんその中には本物もありますが）。特にひと昔前は件数や内容も酷いものでした。今も明らかにフォトショップで加工したフェイク映像や写真など、見る人が見ればすぐにわかるようなものが流通しています。

・偽のＵＦＯコンタクティたちが、「私はＵＦＯに乗った」「乗った人だけが特別」など華やかな体験を作り上げて、講演や本などでいかにも本物だと信じ込ませることで、相手をマインド・コントロールの罠にはめています。典型的なＵＦＯ関連のＴＶ番組で取り上げられるＵＦＯの多くは、地球製のフェイクＵＦＯで、ＣＧで作っただけなのですが、こうした情報をあたかも本物であるかのようにUFO大会などの交流会で話題を持ち出しています。

・偽物がたくさん紛れこんでくることで、今度はUFOファンの中で喧嘩が起こりはじめます。フェイク写真を持っている人たちは、自分が所有しているものこそ本物だと主張し、他人のものをフェイクだと蹴落とします。これまで本物のUFO写真もたくさん出回ってはいるのですが、それが表に出て認められるようなことは非常に稀なことです。残念ですが、こうした言い争いは、世界中のUFO研究グループの中で繰り広げられてきました。

このように、隠れた操作というのはもう何十年も前から秘密結社の人たちが計画的に実施してしてきたことなのです。そのため、事実を知って影響を受けないようにトレーニングをしていく必要があります。オリジナル情報を加工して、フェイクを作り出す活動を「カウンター・インテリジェンス※」と言います。全てが情報操作や対諜報活動なのです。カウンター・インテリジェンスは、あるサブカルチャーの分野の中で、真実の情報が浸透してしまわないように邪魔をすることが目的で行われています。

※カウンター・インテリジェンス
通常はスパイ行動を阻止・対処すること。しかしUFO情報などにおいては、目撃者の情報が本物である場合、政府にとってそれは不都合なもの（みんな覚醒してしまうから）であるため、正しい情報を阻止するものになっている。例えば日本では例えば日本では雑誌「〇ー」や「TOCA〇A」のようなウェブサイトは、カウンター・インテリジェンスを優先しているプラットフォームでもある。本当の情報を隠すためのもので、正しい情報はほぼゼロ。

偽物は「派手で強烈」、真実は「地味で目立たない」もの。嘘を作り出すレベルは半端なく高いため、これは誠実な研究者にとって一番の危機となる。

トワイライト・マスター（偽光界の講師）

スピリチュアル・リーダーも偽光を広めてしまうケースが多いことはあまり知られていません。「トワイライト・マスター」とは、〝トワイライト（夕日）は光が半分以下で残りは闇〟というところに由来しています。このグレーゾーンに依存した活動が、実はしばしば行われています。スピリチュアルのビジネスも、出版業界を含めて古いニューエイジ系のエネルギーがベースになっているところが多いです。

偽光との繋がりに無自覚のまま、占いやタロット・リーディングなどの活動を行う方が様々なジャンルに存在しています。スピリチュアル・リーダーたちも、一見覚醒しているように見えても、影で操作されていることが多々あります。彼らの中にあるエゴを肥大化し、自分の宗教観を皆に押し付けるなど、自らに都合のいいようにスクールやビジネスを操作し、明らかに他者の成長のための活動になっていません。参加者や会員数を増やすためのミスリードやメンタリスト的な誘導、あるいは退会されないように見えない工夫や霊的なトリックを使用することもあります。これは、相手の生命エネルギーを搾取するパラサイト行為に他なりません。

私は、トワイライト・マスターの罠にかかってしまった人を何人かクリアリングしたことがあるのですが、本当に恐ろしいと感じました。こうした人間操作は、ブラック・マジック（黒魔術）やダークアートと呼ばれ、太古の昔から綿々と受け継がれているものです。スピリチュアル能力を使って人を操作するということは、殺人などに並んで、犯罪のトップ・ファイブに入ります。物理的な物の奪い合い以上に、エネルギーの奪い合いと言うのは、許されないことでカルマ的にも重いのです。

そんな偽りのマスターの元で、真のETコンタクト、真のアセンションのミッションを理解することができるでしょうか？　現代においては、誰かに頼るような古いニューエイジ系のスピリチュアルと、新時代の第二波スピリチュアルは、全く異なるものです。第二波スピリチュアルは、一人ひとりが独自にソース（源）との繋がりを確立していくものです。どのようにして人々が進化していくのかが私たちにとっての課題なのです。

今後は全てのスピリチュアル分野において、非常に大規模なアップデートが行われていきます。教えを受けてきた人たちのセンサーも高まり、一切の誤魔化しが効かなくなります。真にこのニュータイプの生徒たちの役に立つことができるか。これが基本条件かつコアとなります。私たちが今すぐすべきことは、ＥＴガイドたちと直接繋がることに尽きるのです。そうすれば、彼らのもとで自然に自分の感度を高めるセルフマスタリーのトレーニングができます。ある意味、宇宙と自分の間に仲介者がいる限り、なんらかの仲介手数料は必要になってくると言えるでしょう。

偽光界の裏にいる闇のスピリットたち

偽光界とは、すなわち〝見せかけの光〟を放つ世界のこと。世界には単に闇と光だけではなく、その間の存在もあるのです。〝光に見せかけた闇〟というなんとも厄介な世界ですが、人類が真実にたどり着くためには、偽光界の存在もしっかり認識しておく必要があります。

サタン主義者は「バレなければ何をしてもいい」という勝手な解釈をします。そのため、この世界には様々な不正が次から次へと生じています。彼らには宇宙レベルの全体像が見えていませんし、彼らの世界には「絶対無限の創造主」がいないため、極めて自己中心主義的で、殺人を犯すことすら躊躇しません。

闇の本質は大まかに次の2種類に分類することができます。

・サタン系＝明らかに物質主義や三次元界の支配を好む。造主の絶対性を覆し、自分たちを神にしていくことが基本姿勢。

・ルシファー系＝偽光界の存在が精神性界の中で、真のガーディアンたちと混ざった状態でミスリードを展開している。自己中心的なアジェンダへと誘導していく。そのエッセンスは、〝外側は美しく、内面は真っ黒〟です。いわば光に化ける闇の存在。

サタン主義はダーウィンの進化論にも似ていて、「一番強いものが生き残り、他は淘汰される」という、地球上の動物界の弱肉強食的考え方を有しています。アルコンにコントロールされ、そのようにさせられてしまうわけですが、こういう考えの持ち主には「共存共栄的な生き方」という発想がそもそもありません。たとえば、アメリカの軍事産業には、アトランティスを滅亡させた魂たちの生まれ変わりが多くいます。ですので、非人間的な病的な発想をするわけです。人類の成長よりもコントロールを好む意識が基盤にあり、人類の覚醒を遮る非常に恐ろしい存在です。

アセンションでは、地球からこの恐ろしい影の存在を明るみにして変容させることが必要な条件の一つです。私たちの社会や生活が、全て「サタン主義」から宇宙レベルの「キリスト意識」に切り替わりつつあります。自分が関わる組織や見えない存在、取り組む仕事など、全てにおいて「本物の宇宙の光」、つまり〝純粋な、操作の入っていない宇宙意識〟に沿っているかにこだわる姿勢へとシフトチェンジしなくてはいけません。

現在はこうした闇の世界が当たり前になってしまっていますが、これは植え付けられたコントロールシステムです。本来のＥＴたちの世界は隠されてきましたが、それがオープンになれば新しい道筋が見えてくるでしょう。

五次元マインドが新たなリアリティーになる

みなさん、ここでひと呼吸しましょう！　大変重たい内容をクリアしてきました。深い闇の事実を知り、巨大な力で覆い尽くされた世界に生きていることを自覚していくと、〝もうどうにもならないのではないか……〟と本当に無力感や虚しさを感じてしまう人がいてもおかしくありません。本書でお伝えしている、隠された人類の歴史や闇のアジェンダの核心というのは本当に理解しがたいところが多いと思います。

しかし、真実を知り受け入れていくことで長年影に隠された古い世界の構造に光を照らしているのです。そして闇が存在する深い意味を理解することによって、完全な癒しが起きてきます。英語ではＨｅａｌｉｎｇ ｔｈｅ ｓｈａｄｏｗという表現もあります。とにかく、外の世界のあるがままを観察し、あるがままの世界を一旦認め、そして徐々に許しのエネルギーへと昇華させて行くのです。すると最終的には、闇は完全に光へと変容させることができます。

私たちが宇宙人類となっていく過程では、様々なレベルでリハビリの期間が必要です。これから多く方々が内面の影の癒しに取り組むことになります。私たちが今すぐにできるのは、「惑星意識」を開花させることです。地球の重たいドラマを宇宙レベルの軽やかな希望に切り替えて行くことができます。多くの方が実践することで、無力化されてきた人間の社会が、ようやく高次元意識に目覚めた宇宙的社会へと生まれ変わっていきます。つまり世界が変わる解決というのは、一人ひとりが自分のマインドを拡大し、高次元化することなのです。

五次元意識を定着させるグリッド・ワーク

完全な宇宙の采配のもと、様々な地球のグリッド・ポイントやエネルギー的なゲート（扉）から、重要なダウンロードを受け取り、地上に下ろすのに相応しい人がその都度ピンポイントに必要な場所や状況に配置されています。このような高度なアセンションの役割を請け負う人を「グリッド・ワーカー」と呼んでいます。満月や新月、または他のパワフルな惑星直列などに合わせたタイミングで、小さなグループで集まって活動することが多く、目には見えないエネルギーラインを回復したり、繋げたりしています。この活動は、

ETガーディアンたちとの確実なコラボレーションによって行われています。

現在は、宇宙や多次元エネルギーと繋がったワークや活動をする人がとても増えてきています。これはとても喜ばしいことです。なぜならば、人が意図して宇宙や多次元存在と繋がる場を作ることで、高次元のガーディアンたちは初めて三次元世界にエネルギーを下ろすことができるようになるのです。私はETSPIでその機会を数多く作ってきましたが、宇宙次元に繋がるワークや活動をしながらも自信が持てずに躊躇している人が多いように感じています。しかし、ガーディアンたちはあなたが作り出すその機会を待っています！

私は、日本では御神事で神社を回ったり、土地を浄化するために全国を行脚されている方たちにたくさん同行してきました。CE-5コンタクトの活動もこの天と地を繋げる仕事であると活動の初期から自覚していました。全国の小さな田舎や辺鄙な山奥など、数えきれない土地に呼ばれ、高次からのパワーとその土地を繋げる任務を果たしてきたのです。

細胞レベルのテレパシー

「フルボディ覚醒」をしていくと、宇宙とのコミュニケーションが体の細胞レベルまで浸透します。この体験を通じて、少しずつ理解が深まっていきます。私のエネルギーワーク「リキッドソウル・セッション」では、宇宙次元のスターシード、とりわけ「インディゴ」の方をサポートしています。中心的な内容は、外部から作られた様々なカルマの除去や、スターシードが受けやすい妨害の回避です。このワークにたどり着くまでには様々な苦労があり、最初の頃は私自身が多大な妨害を受けていました。それでも、ここまで活動を続けてこられたのは、力強いサポートも同時にあったからです。そのため、私は常にそのサポートを感じ、「このまま前に進んでいく」という気持ちを一切ブレさせることなく前進し、結果的に大きな自信もついていきました。

今から2～3年ほど前、当時のＪＣＥＴＩのスタッフが、プライベートで使用していたツールやテクニックがありました。それはまだ日本では公開していなかったものですが、ある時にガイドたちから「それを必要としている人が多いため、日本でも広めていきなさい」というメッセージを受け取ったのです。私は間違ったことは絶対にしたくなかったため、セッションを外部に公開することに対してとにかく慎重になっていました。「もう大丈夫ですか？　まだ準備はできていません」とすごく遠慮していましたが、ガイドたちから「必要としている人が多いので、すぐにでも始めてください」と背中を押されたのです。

セッション中、私は相手に同調している感じで、受けている方が持っている感情や痛みを感知します。つまり、細胞レベルのテレパシーとして体験しているわけです。すぐに「これは私のものではなくてクライアントさんのものだ」ということはハッキリとわかりますが。このように、自分自身と他者のエネルギーの区別ができるようになることが、フルボディ覚醒の一部なのです。アクティベートされてくると、例えば「今くっついた！」といったエネルギーの感覚がその都度感じられるようになってきます。つまり、「内面的敏感さ（インナー・センシティビティ）」が開花されている状態を迎えるのです。

現在、皆さんのライトボディは汚れきった湖のような状態かもしれません。そこで釣りをしたら、あらゆるゴミや捨てられた靴、果ては車のパーツや電化製品まで出てきてしまうような、信じがたいほどの状態です。これは悪い意味で言っているのではなく、「今までよくここまで耐えてきましたね！」ということを伝えたいのです。こんな風になるまで抱え込んでしまったのですから、あとはそれを手放すだけ。全部手放しましょう。解放していきましょう。クリアリングをして初めて、ヒーリングが始まるのですから。

私自身に関してはエネルギーワークを続けていく中で、クライアントさんはもちろん、不思議なことに自分自身もどんどんクリアになっていきました。北九州に住んでいた2年半ほどは、24時間フルタイムで自分のライトボディが磨かれていました。クリアリングとアップグレードが同時に行われていたのです。

ライト・グラウンディング

高次元からのダウンロードやアップグレードが私たちのエネルギーシステムに導入されるためには、様々な条件とタイミングが関係してきます。皆さんは、おそらくは真夜中に起こされた経験をお持ちだと思います。皆さんの思考活動が最も静まっている時こそが、ＥＴガイドたちにとって大切な情報を届けられるチャンスなのです。

ＥＴガイドたちから情報が届いた翌日は、寝不足以外にもエネルギーの消化不足も同時に体験するでしょう。その時は「ライト・グランディング」を実践しましょう。新しいエネルギーを消化して、それが馴染むまでには時間が必要です。自然界と触れる散歩やアーシング、ヨガであったり、ドライブをしたり、カラオケで好きな曲を歌ったりなどがおすすめです。そうすれば、スムーズにこのお腹いっぱいの感覚が無くなっていきます。この作業は、とてもシンプルに完了することもあれば、数日間を費やす場合もあります。

五次元以上からのET医療

現在、私が実施している個人セッションでは、十二次元フィールドを通じたエネルギーワークによって、より高度なアクティベーションを促すことが可能になっています。そのエネルギーワークのシリーズである「リキッドソウル・セッション」についてここでご紹介します。内容としては、健康アップグレード瞑想、ネガティブエネルギーの解放であり、今まで概念としも存在していなかった世界のワークがようやく形になったものです。まだヒーリングの分野でも概念が無い部分が多いのですが、下記の二つの療法は関連性があります。

メディカル・アシスタンス・プログラム（MAP）

１９８０年代にアメリカ・バージニア州のミケラ・ライツという女性が自然霊などと共同で「メディカル・アシスタンス・プログラム（ＭＡＰ）」というプログラムを創りました。

ＭＡＰとは、元々はヒーリング治療のためにつくられたものです。非常に高度なワークの一つで、一時期かなり流行りました。「グレート・ホワイト・ブラザーフッド（ＧＷＢ）」というアセンデッドマスター集団とも深く関わっています。現在、廃盤になっている日本語版タイトルが『聖なる癒し』です。

ＭＡＰは体調が悪い時や、海外に行ったときの時差ボケの解消など、日常的なことにも役立ちます。これは物理的な身体だけでなく、ライトボディにも相当な影響が出ているからです。こうしたワークがうまく使えるようになると、自分の治療チーム（ガーディアンとはまた別の医療的な霊的集団）と繋がることができて、とても便利になります。

スピリチュアル・レスポンス・セラピー（ＳＲＴ）

アメリカ・ワシントン州の首都オリンピアで活動している男性が、「スピリチュアル・レスポンス・セラピー（ＳＲＴ）」という素晴らしいエネルギーワークをしています。これはアダムズ山のギリランド氏のテーブル・ティッピングに似ていて、ダウジングのペンデュラムを使用します。多くの人々に、取り除きたいあらゆる障害や必要なエネルギー治療の種類などが全てチャートとして洗い出されていて、そのチャート上でペンデュラムを揺らし、反応を確認しながら高次元の存在にワークをしてもらうのです。

このチャートを使って、トラウマを浄化したり、アカシックレコードに潜んでいる問題点をケアしたりしていきます。チャートを使う療法というのは、彼以外にも世界中で多くの人がオリジナルのメソッドを生み出し、ワークを行っています。ペンデュラムがガイドたちと繋がって、自分のサポーターになってくれるのです。

Exercise 5

他人のエネルギーをリリースする「手放し宣言」

このワークはエクササイズ２の「自己評価アファメーションのワーク」と似ているところがあります。今度は逆のパターンで、「○○を手放します」という言い方で、不要な思い込みなどから自分を守ります。実際には問題が存在していないのに、いつの間にかあるものとして私たちの思考、そして行動を限定してしまう枠組みがあります。下記のエクササイズでその見えない枠組みを外していきましょう。

・私は他人の**緊張感**を手放します

・私は他人の**恐怖心**を手放します

・私は他人の**怒り**を手放します

・私は他人の**痛み**を手放します

・私は他人の**ストレス**を手放します

・私は他人の**罪悪感**を手放します

・私は他人の**ネガティブ感情**を手放します

・私は他人の**不安**を手放します

・私は他人の**想念**を手放します

Chapter 11

世界を変えるイメージ力

いよいよ最終章になりました。本作は、私にとって5年ぶりとなる書籍であり、その期間で日本の皆さんにシェアしたかったことがたくさん溜まっていました。初読の際に理解できないと感じてしまった箇所があれば、そこは気にせずスルーしていただき、時折自分のタイミングで読み返していただければ、わかるようになっているかもしれません。ようやく、何年先になってもその時々で共感できるものが待っている本を作ることができました。

最後の締めくくりは、予言ではなく今すぐ皆さんが取り組むことができることを紹介します。アセンションのベースは実体験です。自分の変化はすぐに周りに響き、その変化を現実のものとして体験していきます。私はそれを「ホログラム・マインド」と呼んでいますが、量子空間の世界と意識は一心同体で直接影響しあいます。私たちが呼び起こしたイメージや思考から、体験する世界を変えていくことができるのです。この世界は、一方的に与えられているものではなく、私たちと相互に呼応して体験を作っていくことができる場所なのです。

自分で現実を変える力

2007年に、アダムス山で初めてのETコンタクトを体験した時、私は様々なインスピレーションやメッセージを受け取りました。その最後に伝えられたものは、「自分たちの現実を創造することが可能である」という内容でした。

地球の重たい次元からより高次元的な意識にシフトすればするほど、この原理は至極当たり前のことになっていきます。今ではすっかり知られるようになった、「引き寄せの法則」的なマニフェステーション（顕現）も、ステージが進化していきます。個人的な幸せだけにフォーカスするのではなく、これまでの人類が苦しみのもとにあった壮大な歴史を知った上で、世界の調和を心から望むライトワーカーが、もっと必要な時期にきているのです。そして拡大した意識による実現力の前提として、宇宙ファミリーとのしっかりした繋がりが欠かせません。

意識のイメージ力

名古屋でイベントを行っていた時のこと、突然明確なビジョンがガイドたちから入りました。「ET ガイドたちは人類が実際に持っていた能力を再び復活させることになる」という内容でした。全ての人間が、脳内に意識の投影機を持っていることを現在は忘れ去ってしまっています。この彼方への忘却によって、私たち人間は初期設定のまま、自動運転で生きていくように教育を施されてきました。

これを車のギアチェンジに例えると、ほとんどの普通の人は「N ニュートラル」もしくは「P 停止」のままで、この世界を生きることを余儀なくされていて、「私の周りで世界が起きている」という視点に固定されています。しかし、本当は「私が世界を起こしている」のであり、自分でギアを「D ドライブ」に切り替えられるだけで全く別の人生を体験していくことができるのです。

問題に集中することばかりを学校では教わりますが、実は自分にとって望ましい状態に集中していれば、それが現実として顕現するのです。その現象化のプロセスの中で、「問題だ！」と思っていたものは勝手に解決していくのです。これは意識の「イメージ力」と呼ばれています。このイメージ力を使えば、問題点へフォーカスする習慣が薄れていき、望みに集中することで問題はハラハラと消え去っていくことを体験していくでしょう。今までの占いやリーディングやセラピーの多くも、「悩み」「不安」「人生の深い迷い」など問題へのフォーカスが強かったために、かえってその問題が実現し続けてきてしまったと言えます。宇宙に拡大した意識を持って、自らの日常生活をおくることで、このスキルはぐんぐん育って行きます。まさにインセンションの重要なピースなのです。

ハートとブレインのバランス

イメージ力の実践には、「ハート&ブレイン(心と脳)」という2つのセンターのバランスを整えていくことが不可欠になります。心のセンターは感情の電気的な性質を発信し、脳のセンターは思考の磁気的性質を発生しているため、この2つが合わさることで強烈な電磁気流を生み出し、大きなエネルギーとなります。

私たち人類が、生まれ落ちた時から集団コントロールされたシステムの世界に生きてきたことを受け止めるのは大変な作業です。しかし、自分自身に備わった本来のセンターを融合し安定させていくことで、「安心感」が深まっていきます。この安心感こそが新しい世界への道標となるのです。一人ひとりが慈悲の心を育み、自分を大切にすることによって、「集団マインド・コントロール」から「集団での目覚め」への乗り換えが行われていきます。

心と思考のセンターを統合することで、自分の中で簡単に刺激されてしまうような、心理的ホットスポットや、こだわりの原因となるトリガーを解消していきます。そして、「ネガティブ・エゴ」という自分自身に由来するものではない、外部からインプラントされたソフトウェアを駆動させるのではなく、オーガニックな宇宙意識に戻り、自分の中にあるニュートラルなゼロポイントが安定していくのです。

自分の言葉のコマンド力

言霊で天のサポートを依頼する力は、「コマンド力」と呼ばれています。自分のコマンド力を信じるか信じないかで、大きく異なってくるのです。そして、自らのコマンド力の偉大さに比べれば、アルコンが構築したコントロールシステムは、実は取るに足らないものなのです。私たちには想念の力があります。

それは物質的なことだけではなく、ETガイドたちと同じように、実際に必要なサポートなどを具現化することができるのです。

実践することはいたってシンプルで「頼むこと」だけ。皆さんは〝自分一人の小さな力ではできないかな……〟と思ってしまいがちですが、自分の中の疑いを外すだけで簡単に未来の次元と繋がります。私のETコンタクトや個人セッションの場合もそうですが、言葉の力というのは本当にパワフルで、「これが必要です」「ここを手伝ってほしいです」「こんなことに困っています」とガイドたちに伝えてお願いするだけで、とてつもない宇宙のパワーが動きます。心の中で思うだけでも効果はありますが、やはり実際に口に出して言うことで、明確に反応が起きやすくなるようです。

コマンド力のステップは、初めにイメージを型取り、宣言や依頼を明確にし、

「それを実現する」と決心する連続なのです。五次元意識とは、利己主義や自己満足に対する欲ではなく、自分自身が宇宙意識に沿いながら、行きたい方向へと進んでいく世界です。これからは宇宙との「Co-Create共同創造」がどんどん楽にできるようになります。

タイムラインをシフトする

私たちは、常にタイムラインの変化の波をサーフィンしています。しかし、驚くことに自分の内面だと思っている自我意識は、実はアルコンによって外部からハッキングされながら、自分のタイムラインの体験をその瞬間ごとに微細にコントロールされてきました。このように、古いマインド・コントロールによるハイジャックされた思考形態で生きてきたため、タイムラインを変えるタイミングが訪れても正しい判断ができず、自らの力でより高いタイムラインに乗り換えることができなかったのです。

しかし、アルコンのコントロールを引き入れてしまう自分のインナーシャドウを解放して卒業すると、クリアで新しい可能性をキャッチできる時間が増え、どんな出来事も自然とプラス思考で判断するように切り替わっていきます。引越しや学校の卒業、成人式、結婚（離婚）、転職など、「マクロ系」のタイムラインも、毎日の暮らしなど「ミクロ系」の微かなタイムラインのシフトも経験も自分のものになっていきます。自分の内面インセンションのクリアリングとアップグレードが進むにつれ、自分自身の波動のコアに自然とアクセスすることができるようになります。クリアさが増すほどに、現実の世界への影響や反響も大きく速やかなものになるのです。

自分のタイムラインの変化は、瞬間的な判断でシフトをすることも多々あります。その変化を起こす鍵は、「ニュートラル性（中立的な心性）」です。

このことに「え？」と思うかもしれません。しかし、これは驚くほど大きなインパクトと強い働きがあるのです。外部から自分を襲ってくるものに対して反発したり反応したりするのではなく、合気道と同じように、ただ動揺せずにフラットに止まること。それだけでも、こじれたエネルギーを無害化することになります。そしてそれらを無害化したその瞬間、あなたのタイムラインは実は上昇するのです。

高次元化された引き寄せの法則

自分の波動の状態によって、周りに現れる人や出来事が変わることは確かです。まずは「自分がより良くなりたい！」という想いから興味を持ちはじめるわけですが、そこから対象をぐっと広げて「他の人へ奉仕をしたい！」という意図を持って波動の法則を実践していくと、ほとんど魔法のような展開が起こりはじめます。そして「世界の進化をサポートしたい!」と意図するようになると、実現力の魔法もさらに大きくなっていきます。

私は日本に来てから、まさにこのプロセスを体験してきました。宇宙大使として、アセンション・ガイドとして、新しい世界観を届けていくことを決めてから、本当に数えきれないほどの周囲からのサポートや見えないガイダンスがありました。もちろんそれは今もなお継続して行われています。どれほど大変な時でも大きな意図を持ってこのサポートを信じていくと、難しいはずのことでも結果的には無傷でクリアできるようになるのです。

あとがき

地球のアセンションが進んでいる今、これまでは見えなかったことが見えるようになり、宇宙的な共通体験を持つ人々がどんどん増えています。これからのアセンションは、もっとマクロスケールなものになり、人類の進化そのものと関わっていきます。

これまでは、サポートシステムがなかったり、シェアする仲間が周りにいなかったりしたことで、苦労してきたスターシードやライトワーカーが世界中に存在していました。これは宇宙的なコミュニティにとっても大きな課題の一つだったのです。

そこでＪＣＥＴＩでは、従来のスピリチュアル概念を越えた、普通の人でもアクセスが可能な未来型のシステムを開発しています。

２０１９年３月には「スターシード・サバイバル」というプログラムが公開されました。世界中のどこからでも参加できるように、オンラインスクールという形でスタートし、非常にたくさんのフィードバックをいただいています。そして、個人セッション「リキッドソウル・セッション」も、非常に多くの方に受けていただいています。

この10年間で皆さんが体験したことに対するフィードバックを受けて、私やＪＣＥＴＩのメンバーは、自分がやってきたことへの確信を持ち、活動の原動力になりました。また、２０２０年の新型コロナウイルスショックに合わせ、「ＥＴ ＳＰＩ」（ＥＴ＋スピリチュアル＝ＥＴ ＳＰＩ）というオンライン会員コミュニティも実現しました。

そして、最近では「スターキッズ」という子供たちをサポートするプログラムも作成中です。私たちが精神的な面で苦しむ（時間を費やしてしまう）理由の多くは、子供の頃の問題に起因するところが大きいのです。次の世代の子供たちが、大切な成長期にトラウマ体験をして大人になって苦しまなくても良いように、リアルタイムで解決できる未来型のコンテンツを提供したいと思っています。やがては、全国から集まることができるセンターを実現するためにも、これからもＪＣＥＴＩの活動は続いていきます。

ここまでお読みくださり、ありがとうございます。そして、大変お疲れ様でした。本書の内容に少し驚いた方もいらっしゃると思います。

私がこの本を完成させるまで困難な旅路だったように、皆さんがこの本まで辿り着く道のりも長かったと思います。しかし、様々な試練、ミッションや壁を乗り越え、ようやくゴールが見えるところまできています。

この本で紹介した高度な概念や情報は、これから皆さんの日常生活において数々の場面で役立つと思います。最初はわからなかった言葉や仕組みも、時間が経つと、きっと必要なタイミングで直面する機会が訪れます。しかし、ここまで読んでくださったみなさんは、すでに感知できるようになっています。本書の強力なエクササイズを定期的に活用することだけで、惑わされることなく、自分軸で対応することができるでしょう。

地球に生まれてくれてありがとう。

この時代の変革期に、一緒に惑星アセンションの体験ができてとても光栄です。どんどん新しい世界に向けて一緒にジャンプしましょう。

最後に、本書の制作に関わってくださった皆さんに心から感謝しています。特に、一番大変な段階をサポートしてくれたライターの今村桜子さんがいなかったら、この本は完成できませんでした。本当にありがとうございます。この本が、皆さんの宇宙的なライフスタイルに役立つことを祈って、筆を置きます。

2021年6月30日
グレゴリー・サリバン

グレゴリー・サリバンが代表を務める「JCETI」の活動の様子

（写真は ET SPIグループワークと CE-5コンタクトイベント）

JCETIでは、宇宙的地球の変化を体感できるイベントを実施中です！

「JCETI（ジェイセッティ）」とは……「日本地球外知的生命体センター」の略称。
「ET SPI」とは……ET（宇宙人）スピ（スピリチュアル）のこと。

★ JCETI 開催イベント内容

・Liquid Soul セッション

・CE-5 コンタクトイベント

・CE-5 コンタクトトレーニング

・海外 ET コンタクトツアー　など

★ JCETI 公式ウェブサイト

www.jceti.org

★ET SPI 公式ホームページ

www.etspi.com

★ ET SPI オンライン
コミュニティも募集中！

書籍購入者限定のボーナスコンテンツ！

『ホログラム・マインドⅡ 宇宙人として生きる』に関係した用語集をご用意。読み応え満載！
下記 QR コードからアクセスしてみてください。

プロフィール

グレゴリー・サリバン

JCETI代表、アセンション・ガイド、ETコンタクト・ガイド、
著者、音響エンジニア、音楽プロデューサー

1977年、ニューヨーク生まれ、2003年から日本に在住。2007年にアメリカの隠された聖地アダムス山で、宇宙とのコンタクト・スイッチが起動された体験を持つ。2010年にJCETI（日本地球外知的生命体センター）を設立。日本のこれまでの「宇宙人」や「UFO」といった概念を書き換え、全く新しい宇宙観を根付かせる活動を展開。日本各地で世界共通のETコンタクト法「CE-5」を500回以上行っており、約5000名の方が実際にETコンタクトを体験している。また宇宙機密情報を公開する「ディスクロージャー」の分野を日本で初めて展開、代表する研究も行っている。一人ひとりが高次元意識とつながれば、地球でも宇宙的ライフスタイルが実現できると伝えている。独自の自力アセンション学に基づき、「インセンション入門」「スターシード・サバイバル」「スターキッズ」「Liquid Soulセッション」等の講座で、最先端のサポートを実行している。

現在では英語圏での活動も増え、世界中の皆さんが深い交流を行い、日本の隠されたスピリチュアルの世界を海外へも広めている。また、ミュージシャンとしての顔も持ち、アンビエントミュージックを中心に音楽活動も精力的に行っている。

Youtubeチャンネル
JCETI Japan

本作ではライターとして活躍してくれた今村桜子さんのページ「Light Pagoda」。今村さんによる個人セッションでインセンション&アセンションワークを体験してみてください。

ホログラム・マインド Ⅱ
宇宙人として生きる

2021年　7月25日　　初版発行
2021年　8月10日　　2刷発行
2021年　10月15日　3刷発行

著者　グレゴリー・サリバン

ライター　今村桜子
写真　森山雅智（著者近影）
イラスト　紅鮭色子
デザイン　北田彩（KIRASIENNE）
DTP　今井花子（有限会社いしん）

発行人　　吉良さおり
発行所　　キラジェンヌ株式会社
東京都渋谷区笹塚3-19-2青田ビル2F
TEL：03-5371-0041　FAX：03-5371-0051

印刷・製本　モリモト印刷株式会社

ISBN978-4-906913-95-4